普通高等教育"十三五"规划教材

MCS-51单片机基础及其
在材料加工中的应用

徐向前　周好斌　主编

U0321402

中国石化出版社

内容提要

　　本书系统介绍了 MCS-51 单片机的基本原理及其在材料加工中的基本应用。单片机的基本原理内容涵盖单片机的结构、组成原理；指令系统和汇编程序的编写；C 语言的开发、编译和应用；单片机的接口（AD/DA、键盘与显示）应用及主要功能部件（定时计数器、中断）的应用。单片机在材料加工中的基本应用是根据单片机的特点、原理、应用方法，给出了其在材料加工中的具体应用示例，具有较强的实用性和指导性。

　　本书可以作为高等理工科院校非计算机专业微机原理及接口技术课程的教材，也可以供工程技术人员参考。

图书在版编目(CIP)数据

MCS-51 单片机基础及其在材料加工中的应用／徐向前，周好斌主编. —北京：中国石化出版社，2017.9
ISBN 978-7-5114-4655-8

Ⅰ.①M… Ⅱ.①徐…②周… Ⅲ.①单片微型计算机
Ⅳ.①TP368.1

中国版本图书馆 CIP 数据核字(2017)第 223466 号

中国石化出版社出版发行

地址:北京市朝阳区吉市口路 9 号
邮编:100020　电话:(010)59964500
发行部电话:(010)59964526
http://www.sinopec-press.com
E-mail:press@sinopec.com
北京科信印刷有限公司印刷
全国各地新华书店经销
*
787×1092 毫米 16 开本 11.25 印张 266 千字
2017 年 9 月第 1 版　2017 年 9 月第 1 次印刷
定价:28.00 元

前　言

　　单片机具有结构简单、功能强、集成度高、容易掌握、应用灵活和价格低的优点，在工业控制、机电一体化、智能仪表、汽车工业、材料成型技术、通信技术、家用电器等诸多领域中有着广泛的应用。单片机的应用使得机电设备的技术水平和自动化程度有了大幅度的提高。因此高等理工科院校的师生和工程技术人员掌握或者了解单片机的原理和应用技术显得十分必要。

　　针对非计算机专业的师生和工程技术人员的特点，作者结合从事单片机原理及应用教学和科研体会，参考了大量相关书刊、资料，编写了本书。其主要目的是将单片机的基本原理和应用方法介绍给读者。

　　单片机具有完整的计算机结构，并且现在各种机型越来越多，功能越来越强，应用方式越来越灵活。本书主要讲述 MCS-51 单片机的基本原理和在材料加工中的基本应用。单片机的基本原理内容包括单片机的结构、组成原理，指令系统和汇编程序的编写，单片机的接口技术，定时计数器、中断的应用以及 C 语言的开发、编译和应用。结合作者的科研体会，将单片机在材料加工中的基本应用引入，包括单片机系统设计方法，编程语言的应用以及编译和调试工具等。根据现在的工程应用，在内容上，力求从易到难、循序渐进；在方法上，从基本原理入手，结合应用和设计进行编写。

　　本书注重单片机编程语言应用内容的介绍，包括汇编语言和 C 语言。C 语言已成为目前单片机编程语言的主要高级语言之一，而使用汇编语言编程的工程技术人员逐年减少。因此，本书在介绍了基本的汇编指令系统后，进行了 C 语言的应用情况叙述。这样，在理解单片机的结构和指令后，应用 C 语言编程，贴近了工程实际，具有了一定的应用能力。单片机基础部分的应用范例中采用了汇编和 C 语言两种语言编写的程序。这样在理解汇编语言的基础上，也学会了 C 语言的程序，为今后的学习和工作打下一定基础。同时给出了工程应用的实例，特别是在材料加工中的应用。

　　本书第 1 章至第 6 章由徐向前编写，第 7 章和第 8 章由周好斌编写。在编写过程中，参考了有关教材、期刊、资料，在此表示感谢！

目　　录

1 单片机概述

1.1 单片机的概念

无论规模大小、性能高低，计算机的硬件系统都是由运算器、存储器、输入设备、输出设备以及控制器等单元组成。在通用计算机中，这些单元被分成若干块独立的芯片，通过电路连接而构成一台完整的计算机。而单片机技术则将这些单元全部集成到一块集成电路中，即一块芯片就构成了一个完整的计算机系统。这成为当时这一类芯片的典型特征，因此，就以 Single Chip Microcomputer 来称呼这一类芯片，中文译为"单片机"。这在当时是一个准确的表达。但随着单片机技术的不断发展，"单片机"已无法确切地表达其内涵，国际上逐渐采用 MCU(Micro Controller Unit)来称呼这一类计算机，并成为单片机界公认的、最终统一的名词。但国内由于多年来一直使用"单片机"的称呼，已约定俗成。所以目前仍采用"单片机"这一名词。

单片微型计算机(Single Chip Microcomputer)，简称单片机，即把 CPU、储存器(RAM、ROM)、中断系统、串并口接口电路和定时计数器集成在一块芯片上，组成计算机系统。

单片机在控制领域中，主要用于实现各种测试和控制功能，因此通常也称为微控制器MCU(Micro Controller Unit)。但单片机作为嵌入方式使用时，通常作为核心芯片，因此也可以称为嵌入式微控制器 EMCU(Enbedded Micro Controller Unit)。

单片机可以分为通用型和专用型两类。通用型单片机是一种基本芯片，片内资源较多，功能较全，能够适用不同用户的设计和应用。也就是，用户通过对单片机内部资源的了解，可以进行单片机最小应用系统的软硬件设计，从而组成控制系统，完成各种控制功能。

专用型单片机通常是针对某种特定产品进行设计和生产的，特点是针对性强，数量大。比如有些智能仪表读写器上用的单片机，就是如此。

1.2 单片机的发展历史及趋势

20 世纪 70 年代，美国仙童公司首先推出了第一款单片机 F-8，随后 Intel 公司推出了MCS-48 单片机系列，其他一些公司如 Motorola、Zilog 等也先后推出了自己的单片机，取得了一定的成果，这是单片机的起步与探索阶段。总的来说，这一阶段的单片机性能较弱，属于低、中档产品。随着集成技术的提高以及 CMOS 技术的发展，单片机的性能也随之改善，高性能的 8 位单片机相继问世。1980 年 Intel 公司推出了 8 位高档 MCS-51 系列单片机，性能得到很大的提高，应用领域也大为扩展。这是单片机的完善阶段。1983 年 Intel 公司推出了 16 位 MCS-96 系列单片机，加入了更多的外围接口，如模/数转换器(ADC)、看门狗

（WDT）、脉宽调制器（PWM）等，其他一些公司也相继推出了各自的高性能单片机系统。随后许多用在高端单片机上的技术被下移到 8 位单片机上，这些单片机内部一般都有非常丰富的外围接口，强化了智能控制器的特征，这是 8 位单片机与 16 位单片机的推出阶段。

近年来，Intel、Motorola 等公司又先后推出了性能更为优越的 32 位单片机，单片机的应用达到了一个更新的层次。随着科学技术的进步，早期的 8 位中、低档单片机逐渐被淘汰。但 8 位单片机并没有消失，尤其是以 8051 为内核的单片机，不仅没有消失，还呈现快速发展的趋势。

Intel 公司在 1976 年推出了 8 位单片机 MCS-48 系列，当时以控制功能较全、价格较低，且体积较小等主要特点，得到了较为广泛的应用，也为单片机的发展打下了基础。在 MCS-48 系列单片机的成功应用的影响下，半导体芯片生产厂商开始研制和发展自己的单片机系列。在这个时期世界各地出现了 50 多个系列的单片机，300 多个品种，其中较为有名的是 Motorla 公司的 6801、6802 系列和 Zilog 公司的 Z-8 系列。日本的 NEC、日立等公司也研制出了各自的单片机。

我国应用较为广泛的单片机是 MCS-51 系列单片机。MCS-51 系列单片机的基础是 MCS-48，是 20 世纪 80 年代发展起来的。MCS-51 单片机虽然是 8 位单片机，但功能比 MCS-48 强很多，且品种较为齐全，兼容性好，软硬件资源较为丰富。很快成为了单片机的主流，直到现在 MCS-51 单片机仍然为主流单片机。Intel 公司，1983 年推出的 MCS-96 系统的单片机是 16 位单片机的典型代表。

1.3　数值基础

在计算机中各种信息的表示和处理都有具体的数据形式。在单片机中通常采用二进制表示数据。所谓二进制形式，是指每位数码只取两个值，要么是"0"，要么是"1"，数码最大值只能是 1，超过 1 就应向高位进位。

为什么要采用二进制形式呢？这是因为二进制最简单。它仅有两个数字符号，这就特别适合用电子元器件来表示。制造有两个稳定状态的元器件一般比制造具有多个稳定状态的元器件要容易得多。

计算机内部采用二进制表示各种数据，对于单片机而言。其主要的数据类型分为数值数据和逻辑数据两种。下面分别介绍数制概念和各种数据的机内表示、运算等知识。

按进位的原则进行计数，称为进位计数制，简称"数制"。数制有多种，在计算机中常使用的有十进制、二进制和十六进制。

1.3.1　十进制、二进制和十六进制数

人们最常用的数是十进制数，计算机中采用的是二进制数，有时为了简化二进制数据的书写，也采用八进制和十六进制表示方法。下面将分别介绍这几种常用的进制。

（1）十进制数（Decimal System）

十进制数是大家熟悉的，用 0、1、2…、8、9 十个不同的符号来表示数值，它采用的是"逢十进一，借一当十"的原则。每一位的位权都是以 10 为底的指数函数，由小数点向左，各数位按位权展开。依次为 10^0、10^1、10^2、10^3 等；由小数点向右，各数的位权分别为 10^{-1}、10^{-2}、10^{-3} 等。这里的 10^0、10^1、10^2、10^{-1}、10^{-2} 在数学上称为权。所使用的数码的个

数称为基。因此十进制数的基数是 10。"权"和"基"是进位计数制中的两个要素。

例如 526.23，如果按各数的位权来展开，可以写成下面的形式：

$$526.23 = 5 \times 10^2 + 2 \times 10^1 + 6 \times 100 + 2 \times 10^{-1} + 3 \times 10^{-2}$$

（2）二进制数（Binary System）

基数为 10 的计数制叫十进制；基数为 2 的计数制叫作二进制。二进制数的计算规则是"逢二进一，借一当二"。二进制数的基为"2"，即其使用的数码为 0、1，共 2 个。二进数制的权是以 2 为底的幂。比如下面这个数：

二进制	1	1	0	1	1	1
	2^5	2^4	2^3	2^2	2^1	2^0
十进制	32	16	8	4	2	1

其各位的权为 1、2、4、8、16、32，即以 2 为底的 0 次幂、1 次幂、2 次幂等。

$$(110111)_2 = 1 \times 2^5 + 1 \times 2^4 + 0 \times 2^3 + 1 \times 2^2 + 1 \times 2^1 + 1 \times 2^0 = (55)_{10}$$

（3）八进制（Octave System）

八进制数采用基数为 8 的计数制。八进制数主要采用 0、1、2、…、7 这 8 个阿拉伯数字。八进制数的运算规则为"逢八进一，借一当八"。八进数制的权是以 8 为底的幂。比如下面这个数：

八进制	1	0	3	5	2	4
	8^5	8^4	8^3	8^2	8^1	8^0

$$(103524)_8 = 1 \times 8^5 + 0 \times 8^4 + 3 \times 8^3 + 5 \times 8^2 + 2 \times 8^1 + 4 \times 8^0 = (34644)_{10}$$

（4）十六进制数（Hexadecimal System）

十六进制数采用基数为 16 的计数制。但只有 0~9 这十个数字，所以用 A、B、C、D、E、F 这 6 个字母来分别表示 10、11、12、13、14、15，字母不区分大小写。十六进制数的运算规则为"逢十六进一，借一当十六"。十六进数制的权是以 16 为底的幂。比如下面这个数：

十六进制	4	A	0	7	F	1
	16^5	16^4	16^3	16^2	16^1	16^0

$$(4A07F1)_{16} = 4 \times 16^5 + A \times 16^4 + 0 \times 16^3 + 7 \times 16^2 + F \times 16^1 + 1 \times 16^0 = (4851679)_{10}$$

在数字后面加上（2）、（8）、（10）或者（16）是指二进制、八进制、十进制和十六进制。也有用字母表示这些数制的，B 代表二进制，H 代表十六进制，O 代表八进制，D 代表十进制。通常十进制数的 D 或者 10 可以省略不写。

（5）进制间的转换

由于人们习惯于十进制数，而计算机内部采用的是二进制数，因此就产生了各种进制之间的转换规则。下面将分两方面来介绍一下各个进制之间的转换问题。

① 十进制数与二进制数之间的相互转换

十进制数转换成二进制 将十进制数转换成二进制数时，要把整数部分和小数部分分别进行转换，然后再把转换之后的结果相加。整数部分采用"除 2 取余"的方法，也就是只要将它一次一次地被 2 除，直到商为 0 为止，得到的余数"自下而上"(从最后一个余数)读取，这就是二进制数的整数部分。小数部分采用"乘 2 取整"的方法，也就是将它一次一次地被 2 乘，取乘积的整数部分，再取其小数部分被 2 乘，直到小数部分为 0 结束，得到的整数"自上而下"读取，这就是二进制数的小数部分。

【例 1.1】 将 $(136)_{10}$ 转换为二进制数。

$$
\begin{array}{r|ll}
2 & 136 & \text{余数为} 0 \\
2 & 68 & \text{余数为} 0 \\
2 & 34 & \text{余数为} 0 \\
2 & 17 & \text{余数为} 0 \\
2 & 8 & \text{余数为} 1 \\
2 & 4 & \text{余数为} 0 \\
2 & 2 & \text{余数为} 0 \\
2 & 1 & \text{余数为} 0 \\
& 0 & \text{余数为} 1
\end{array}
$$

转化结果为：$(136)_{10} = (10001000)_2$

【例 1.2】 将十进制数 0.625 转换成二进制数

$$
\begin{array}{r}
0.625 \\
\times \quad 2 \\
\hline
1.250 \quad \cdots\cdots \quad 1 \\
\times \quad 2 \\
\hline
0.500 \quad \cdots\cdots \quad 0 \\
\times \quad 2 \\
\hline
1.000 \quad \cdots\cdots \quad 1
\end{array}
$$

转换结果为：$(0.625)_{10} = (0.101)_2$

需要说明的是，有的十进制小数不能精确地转换成二进制小数，这样乘积的小数部分就永远不能为 0，此时可以根据精度的要求，将它转换到所需的位数即可。

十进制数到二进制数的转换过程可以推广到十进制数和八进制数、十六进制数之间的转换。也就是将"除 2 取余"和"乘 2 取整"相应地转换为"除 M 取余"和"乘 M 取整"(M 即可代表 8 或 16)。

二进制数转换成十进制数 将二进制数转换成十进制数就相对简单点，可以将二进制数按"权"展开，相加即可。

【例 1.3】 将二进制数 11101.101 转换成为十进制数。

解：$(11101.101)_2 = 1 \times 2^4 + 1 \times 2^3 + 1 \times 2^2 + 0 \times 2^1 + 1 \times 2^0 + 1 \times 2^{-1} + 0 \times 2 - 2 + 1 \times 2^{-3}$

$= 16 + 8 + 4 + 0 + 1 + 0.5 + 0.25 + 0.125$

$= (29.875)_{10}$

② 二进制数与八进制、十六进制之间的相互转换

计算机中采用的是二进制数，但二进制数的最大缺点就是显示和书写不方便。在实际应用中，人们经常把八进制数和十六进制数作为二进制数的辅助计数方式。

二进制数和八进制数互换 二进制数转换成八进制数时，只要从小数点位置开始，向左或向右每 3 位二进制划分为一组(不足 3 位时可补 0)，然后写出每一组二进制数所对应的八进制数码即可。而二进制数和十六进制数则是将 4 位二进制数作为一组对应十六进制数码，

进行相应的转换。表 1.1 给出了一组基本对应关系。

表 1.1　常用进制间对应关系

十进制数	二进制数	八进制数	十六进制数
0	0	0	0
1	1	1	1
2	10	2	2
3	11	3	3
4	100	4	4
5	101	5	5
6	110	6	6
7	111	7	7
8	1000	10	8
9	1001	11	9
10	1010	12	A
11	1011	13	B
12	1100	14	C
13	1101	13	D
14	1110	16	E
15	1111	17	F

【例 1.4】　将二进制数 $(11110101.111)_2$ 转换成八进制数：

$$011\ 110\ 101.111$$
$$3\quad 6\quad 5\quad 7$$

即二进制数 $(11110101.111)_2$ 转换成八进制数是 $(365.7)_8$。反过来，将每位八进制数分别用 3 位二进制数表示，就可完成八进制数到二进制数的转换。

二进制数和十六进制数互换　二进制数转换成十六进制数时，只要从小数点位置开始，向左或向右每 4 位二进制划分为一组（不足 4 位时可补 0），然后写出每一组二进制数所对应的十六进制数码即可。

【例 1.5】　将二进制数 $(10110110110.0111)2$ 转换成十六进制数：

$$0101\ 1011\ 0110.0111$$
$$5\quad B\quad 6\quad 7$$

即二进制数 $(10110110110.0111)_2$ 转换成十六进制数是 $(5B6.7)_{16}$。反过来，将每位十六进制数分别用 4 位二进制数表示，就可完成十六进制数和二进制数的转换。

八进制数、十六进制数和十进制数的转换：这三者转换时，可用二进制数作为媒介，先把待转换的数转换成二进制数，然后将二进制数转换成要求转换的数制形式。

1.3.2　数的定点与浮点表示

由于计算机所处理的数据（二进制数表示）可能既有整数部分，又有小数部分。这就提出了一个小数点位置如何表示的问题，所以就出现了数的定点表示和浮点表示方法。用定点表示法表示的数就是定点数，而用浮点方法表示的数就是浮点数。

（1）定点数表示法

定点表示法中约定机器中所有数据的小数点位置固定不变。一般采用两种简单的约定：定点整数和定点小数。

定点整数约定小数点在数值位的最低位之后，此时计算机中所表示的数一律为整数。计算机中的整数有正整数（也称不带符号的整数）和整数两大类（也称带符号的整数）。带符号的整数必须使用一个二进位作为其符号位，一般总是最高位（最左面的一位），0 表示"+"（正数），1 表示"−"（负数）。其余各位则用来表示数值的大小，例如：00101011 = +43；10101011 = −43。

负数反码：原码各位数取反。负数补码：原码各位数取反加 1。正整数无论采用原码、反码还是补码表示，其编码都是相同的，并无区别（图 1.1）。

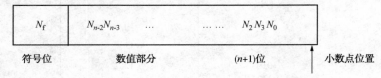

图 1.1

所有定点整数绝对值的表示范围：$1 \leqslant |X| \leqslant 2^n - 1$ 用定点表示法表示数据的机器称为定点计算机，定点计算机目前多采用定点小数的表示方法。

定点小数是用最高位表示符号，其他 $n-1$ 位二进制数表示数值部分，将小数点定在数值部分的最高位左边，因此任何一个小数可以表示为如图 1.2 所示的形式。

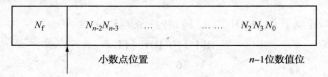

图 1.2

（2）浮点数表示法

浮点数是指小数点在数据中的位置可以左右移动的数据。一个实数可以表示成一个纯小数和一个乘幂的积，例如：$56.725 = 10^2 \times (0.56725)$。其中指数部分用来指出实数中小数点的位置，括号括出的是一个纯小数。二进制数的情况完全类同。任意一个实数，在计算机内部都可以用指数（这是整数）和尾数（这是纯小数）来表示，这种用指数和尾数来表示实数的方法叫做浮点表示法。所以，在计算机中实数也叫作浮点数。而整数则叫作定点数。浮点数在机器中的表示格式如图 1.3 所示。

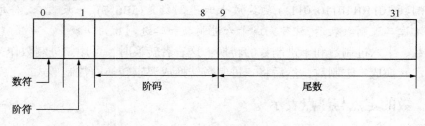

图 1.3

目前计算机系统对阶码多数采用移码表示，由于浮点数 N 的范围主要由阶码决定。阶

6

码相当于定点数中所取的比例因子，但它作为浮点数的一部分，说明小数点可以浮动。有效数的精度则主要由尾数决定。为了充分利用尾数的有效位数，一般采取规格化的办法，即让尾数的绝对值限定在一个范围内。如果阶码以 2 为底，则满足 $0.5 \leqslant |N| \leqslant 1$；如果尾数用补码表示，对正数规格化浮点数的尾数最高位等于 1；对负数规格化尾数为 0。因此，规格化的浮点数，其尾数最高位永远是符号位的反码。

1.3.3　机器数的表示

一个二进制数值数据，包括二进制表示的定点小数、定点整数和浮点小数。这里所指的表示方法是如何方便地表示正数、零和负数。常用的编码方式有三种：原码、反码、补码。

在日常生活中人们习惯用正负号加上绝对值来表示一个数的大小。数值数据在计算机中的编码表示称为机器数，而把机器数所代表的实际数值称为机器数的真值。

例如：$S = +0.110110$ 是真值，$S = 0.110110$ 为机器数

$\qquad D = -0.010011$ 是真值，$D = 1.010011$ 为机器数

前面提到的符号数的表示方法是一种最简单的表示方法，为原码表示法。除原码以外，还有补码和反码等表示方法。在介绍这些表示方法之前，先介绍模的概念与性质。

模是指一个计量系统的计数范围，计算机也可以看成是一个计量器，它也有一个计量范围，即都存在一个"模"。

例如：时钟的计量范围是 0~11，模 = 12。表示 n 位的计算机计量范围是 $0 \sim (2^n - 1)$，模 $= 2^n$。

模实质上是计量器发生"溢出"的量，它的值在计量器上表示不出来，计量器上只能表示模的余数。任何有模的计量器，均可将减法转化为加法运算。

例如：设当前时针指向 10 点，而准确时间是 6 点，调整时间可有两种拨法。一种是倒拨 4 小时，即：10 - 4 = 6；另一种是顺拨 8 小时：10 + 8 = 12 + 6 = 6。在以 12 为模的系统中，加 8 和减 4 效果是一样的，因此凡是减 4 运算，都可以用加 8 来代替。

对模而言，8 和 4 互为补数。实际上以 12 为模的系统中，11 和 1、10 和 2、9 和 3、7 和 5、6 和 6 都有这个性质，共同的特点是两者相加等于模。对于计算机，其概念和方法完全一样。n 位计算机，设 $n = 8$，所能表示的最大数是 11111111，若再加 1 变为 100000000（9位），但因只有 8 位，最高位 1 自然丢失，又变成 00000000，所以 8 位二进制系统的模为 2^8。在这样的系统中减法问题也可以化成加法问题，只需把减数用相应的补数表示就可以了。把补数用到计算机对数的处理上，就是补码。这个问题在讲到补码的时候再具体讲述。

下面分别以定点小数和定点整数为例给出三种编码的定义。

（1）原码表示法

原码表示法中最高位表示符号，其中如果符号位为 0 表示该数为正，符号位为 1 则表示该数为负。

例如：$N_1 = +1001010 \qquad N_2 = -1001010$

其原码记为　$[N_1]_原 = [+1001010]_原 = 01001010$

$\qquad\qquad\qquad [N_2]_原 = [-1001010]_原 = 11001010$

0 的原码有两种表示形式，即 +0 和 -0：

$\qquad\qquad\qquad [+0]_原 = 00000000 \qquad [-0]_原 = 10000000$

原码的表示方法简单易懂，而且与真值转换方便，但是在做加法运算时就遇到了麻烦。当两个数相加时，如果是同号，则数值相加，符号不变；如果是异号，数值部分实际上是相

减，而且必须比较两个数哪个绝对值大，才能确定减数与被减数，这件事在手算时比较容易，而在计算机中这是一件繁琐的工作。为了便于计算机进行加减法运算，需要使用补码。

用二进制原码表示的数中，所用的二进制位数越多，所能表示的数的范围就越大。如 8 位二进制原码表示的范围是 $-128 \sim +127$；16 位二进制原码表示的范围是 $-32768 \sim +32767$。

原码的特点：所有正数的原码，最左边的一位是 0，负数是 1。

例如： $X = +0.1011$　　$[X]_\text{原} = 01011$
　　　　　$X = -0.1011$　　$[X]_\text{原} = 11011$

（2）反码表示法

正数的反码和原码相同，负数的反码是保持负数原码的符号位不变，而其余各位取相反码即为机器数的反码的表示形式。反码表示法中最左边一位是符号位。当 X 为正数时，由于 $0 \leqslant X < 2^n$，反码表示法的最左边一位是 0；当 X 为负数时，$2^n - 1$ 为 n 位 1，$-2^n < X \leqslant 0$，其尾数不会大于 $n-1$ 个 1，此时反码表示法的最左边一位是 1。反码也可以看作是以 $2^n - 1$ 为模的补码。

例如： $X_1 = +1010011$　　　　$X_2 = -1010011$

则其反码记为　　　$[X_1]_\text{反} = [+1010011]_\text{反} = 01010011$
　　　　　　　　　$[X_2]_\text{反} = [-1010011]_\text{反} = 10101100$

0 的反码有两种表示形式，即 +0 和 -0：

$$[+0]_\text{反} = 00000000 \quad [-0]_\text{反} = 11111111$$

（3）补码表示法

前面已经介绍过模的概念，在这里就不再叙述了。计算机的运算部件都有一定的字长限制，因此它的运算也是一种模运算。对于定点小数，可以在模为 2 的前提下，实现正负数数间的互补。

例如： $X = +100101$　　$[X]_\text{补} = 0\,100101$
　　　　　$X = -100101$　　$[X]_\text{补} = 1\,011011$

补码的计算：

① 补码的和等于和的补码，符号位和数值位一样参加运算，不必单独处理，即

$$[X]_\text{补} + [Y]_\text{补} = [X+Y]_\text{补}$$

② 补码相减：$[X]_\text{补} - [Y]_\text{补} = [X]_\text{补} + [-Y]_\text{补}$，$[Y]_\text{补} \rightarrow [-Y]_\text{补}$，符号位连同数值位一起取反加 1。

1.3.4　计算机中常用的编码

在计算机中，所有的信息都采用二进制表示，如大小写的英文字母、标点符号、运算符号等，也必须采用二进制编码来表示，因为这样计算机才能进行识别，下面来了解一下计算机常用的两种编码。

（1）ASCII 码

人们需要计算机处理的信息除了数值外，还有字符或字符串。但在计算机中，所有信息都用二进制代码表示。为了在计算机中能够表示不同的字符，为使计算机使用的数据能共享和传递，必须对字符进行统一的编码。这样人们可以通过 n 位二进制代码来表示不同的字符，这些字符的不同组合就可表示不同的信息。常用的编码方式为美国标准信息交换码（American Standard Code for Information Interchange，ASCII），它是使用最广泛的一种编码。

基本的 ASCII 码有 128 个，每一个 ASCII 码与一个 8 位(bit)二进制数对应，其第 7 位是 0，称为基本的 ASCII 码，相应的十进制数是 0~127。如，数字"0"的编码用十进制数表示就是 48。另外 128 个扩展的 ASCII 码，最高位都是 1，用于表示一些图形符号，是扩展 ASCII码。

（2）BCD 码

计算机中采用二进制数表示，但二进制不是很直观，所以在计算机的输入输出时通常用十进制数表示。不过这样的十进制数要采用二进制的编码来表示。这样的二进制数编码具有十进制数的特点，但形式上是二进制数。BCD 码是一种用 4 位二进制数字来表示 1 位十进制数字的编码，也称为二进制编码表示的十进制数(Binary Code Decimal，BCD)，简称 BCD 码。表 1.2 列出了十进制数 0~15 的 BCD 码。

表 1.2　BCD 编码表

十进制数	BCD 码	十进制数	BCD 码
0	0000	8	1000
1	0001	9	1001
2	0010	10	0001 0000
3	0011	11	0001 0001
4	0100	12	0001 0010
5	0101	13	0001 0011
6	0110	14	0001 0100
7	0111	15	0001 0101

BCD 码有两种格式：

① 压缩 BCD 码格式(Packed BCD Format)。用 4 个二进制位表示 1 个十进制位，就是用 0000B~1001B 来表示十进制数 0~9。例如：十进制数 4256 的压缩 BCD 码表示为 0100 0010 0101 0110。

② 非压缩 BCD 码格式(Unpacked BCD Format)。用 8 个二进制位表示 1 个十进制位，其中，高四位无意义，一般用××××表示，低四位和压缩 BCD 码相同。例如：十进制数 4256 的非压缩 BCD 码表示为×××0100×××0010×××0101×××0110。

思考题

1. 单片机与一般微型计算机的结构上的主要区别是什么？
2. 什么叫原码、反码及补码？
3. 十进制、二进制、八进制和十六进制的概念及相互转化？
4. 计算机中常用的编码有哪些？

2 8051 单片机的结构和原理

> 8 位单片机中，Intel 公司的 MCS-51 系列单片机由于具有稳定的性能、良好的兼容性和较高的性价比，在各个领域得到了最为广泛的应用。8051 单片机是 MCS-51 单片机中的一种，具有代表性和典型的结构，因此本书以 8051 单片机为基础，详细介绍芯片的内部硬件资源、各功能部件的结构和原理，主要包括硬件结构、存储器组织结构、I/O 接口、时钟电路及时序、外部引脚功能等。且在以后的章节中无特殊说明，均使用 8051 单片机作为代表进行内容的介绍。

2.1 8051 单片机内部结构及特点

2.1.1 基本组成

单片机是在一块硅片上集成了 CPU、RAM、ROM、定时器/计数器、并行 I/O 接口、串行接口等基本功能部件的大规模集成电路，又称为 MCU。8051 单片机包含下列部件：1 个 8 位微处理器(CPU)；1 个片内振荡器及时钟电路，最高允许振荡频率为 24MHz；4KB 程序存储器 ROM，用于存放程序代码、数据或表格；128 字节数据存储器 RAM，用于存放随机数据、变量、中间结果等；4 个 8 位并行 I/O 接口 P0~P3，每个口都可以输入或输出；2 个 16 位定时器/计数器，每个定时器/计数器都可以设置成定时器方式或者计数器方式；1 个全双工串行口，用于实现单片机之间或单片机与 PC 机之间的串行通讯；5 个中断源、2 个中断优先级的中断控制系统；1 个布尔处理机(位处理器)，支持位变量的算术逻辑操作；21 个特殊功能寄存器 SFR(或称专用寄存器)，用于控制内部各功能部件；对外具有 64KB 的程序存储器和数据存储器寻址能力，支持 111 种汇编语言指令。

8051 单片机的内部结构如图 2.1 所示，其内部各硬件模块之间由内部总线相连接。

图 2.1 中，存储器容量和定时器/计数器数量随子型号的不同而有变化，见表 2.1。

表 2.1 MCS-51 系列单片机不同子型号的资源配置

型号	片内程序存储器容量	片内数据存储器容量	定时器/计数器数量
80C51	4KB	128 字节	2
89C52	8KB	256 字节	3
89C2051	2KB	128 字节	2

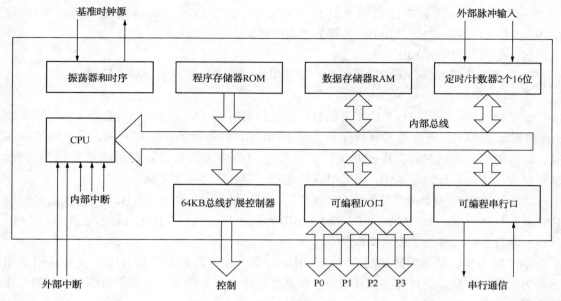

图 2.1 8051 单片机的结构框图

表 2.1 列出了部分单片机的型号,我们在选用具体的单片机时需要查阅相应的数据手册。比如 80C51,采用了 CMOS 工艺和高密度非易失存储器技术,与 8051 单片机兼容,是一种低功耗、低电压、高性能的 8 位单片机,片内的 Flash ROM 可反复擦写 1000 次以上,非常适合于单片机产品的开发,可方便地应用于各种检测和控制领域。

2.1.2 内部结构

8051 单片机内部结构如图 2.2 所示。

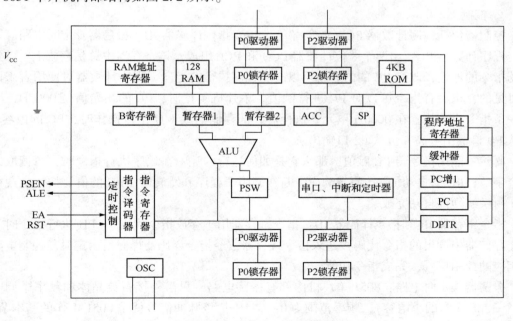

图 2.2 8051 单片机内部结构

11

一个完整的计算机应该由中央处理单元 CPU(运算器和控制器)、存储器(ROM 和 RAM)、和 I/O 接口组成。8051 的各部分功能简述如下：

(1) 中央处理单元 CPU

CPU 是单片机的核心，由运算器和控制器组成，负责单片机的运算和控制。

① 运算器 ALU

运算器包括一个可进行 8 位二进制数的算数和逻辑运算单元 ALU，暂存器 1、暂存器 2，8 位的累加器 ACC，寄存器 B 和程序状态字 PSW 等。算数运算是指加、减、乘、除四则运算，运算时按从右到左的次序，并关注位与位之间的进位或借位；逻辑运算是指与、或、非、异或、求反、移位等操作，运算时按位进行，但各位之间无关联。

逻辑运算单元 ALU：可对 4 位(半字节)、8 位(单字节)和 16 位(双字节)数据进行操作，能执行加、减、乘、除、加 1、减 1、BCD 数的十进制调整及比较等算术运算和与、或、异或、求补及循环移位等逻辑操作。

累加器 ACC：是使用最频繁的一个专用寄存器。在算数和逻辑运算中，经常使用累加器做为一个操作数，并且保存运算结果。在某些操作中，必须要有累加器的参与，比如对外部数据存储器的操作等。

程序状态字：写为 PSW，8 位，用来指示指令执行后的状态信息，相当于一般微处理器的状态寄存器。PSW 中的各位状态供程序查询和判断使用，可构成程序的分支和转移。

寄存器 B：8 位寄存器，直接支持 8 位的乘除法运算，作为一个参与运算的操作数，并保存部分运算结果。当不做乘除法时，也可做通用寄存器。

另外，8051 单片机中还有一个布尔处理器，即位处理器，它以程序状态字中最高位 C(即进位位)作为位累加器，专门用来进行位操作。能对可位寻址的空间地址进行置位、清零、取反、测试、位传送、位逻辑运算等操作。

② 控制器

控制器包括程序计数器 PC、指令寄存器 IR、指令译码器 ID、振荡器及定时电路等。

程序计数器 PC：由两个 8 位计数器 PCH 和 PCL 组成。该寄存器中总是存放下一条要执行的指令的地址，改变 PC 的内容就可以改变程序执行的走向。程序计数器对使用者来说是不可见的，也没有指令可以对 PC 进行赋值。单片机复位时，PC 的初始值是 0000H，因此第一条指令应该放置在 0000H 单元。执行对外部存储器或 I/O 接口操作时，PC 的内容低 8 位从 P0 口输出，高 8 位从 P2 口输出。

既然不能用指令给 PC 赋值，那么它是如何运行的呢？在顺序执行指令时，每读取一个指令字节，PC 就自动加 1；而当响应中断、调用子程序和跳转时，PC 的值要按一定规律变动，由系统硬件自动完成。

指令寄存器 IR 和指令译码器 ID：指令寄存器用于存放指令代码。CPU 执行指令时，从程序存储器中读出的指令代码被送入指令寄存器，经指令译码器译码后由定时与控制电路发出相应的控制信号，完成指令功能。

振荡器及定时电路：8051 单片机内部有振荡电路，只需外接石英晶体和频率微调电容(2 个 30pF 左右的小电容)，频率范围为 0~24MHz。该脉冲信号就是 8051 工作的基本节拍，即时间的最小单位。

(2) 存储器

12

8051 单片机芯片上有两种存储器，一种是可编程、可电擦除的程序存储器，称为 Flash ROM；另一种是随机存储器 RAM，可读可写，断电后 RAM 内容也会丢失。

① 程序存储器(Flash ROM)

8051 片内程序存储器容量为 4KB，地址范围是 0000H～0FFFH，用于存放程序和表格常数。

② 数据存储器(RAM)

8051 片内数据存储器容量为 128 字节，使用 8 位地址表达，范围是 00H～7FH，用于存放中间结果、数据暂存和数据缓冲等。

在这 128 字节的 RAM 中，有 32 字节可指定为工作寄存器。这和一般微处理器不同，8051 的片内 RAM 与工作寄存器都安排在一个队列里统一编址。

从图 2.2 中可以看到，8051 单片机内部还有 SP、DPTR、PSW、IE 等许多特殊功能寄存器，简称为 SFR(Special Function Register)，这些 SFR(共 21 个)的地址紧随 128 字节片内 RAM 之后，离散地分布在 80H～0FFH 地址范围内。高 128 字节中有许多地址单元在物理上是不存在的，对它们进行读操作会得到不可预期的结果。

(3) I/O 接口

8051 单片机有 4 个与外部交换信息的 8 位并行 I/O 接口，即 P0～P3。它们都是准双向端口，每个端口有 8 条 I/O 线，都可以输入或输出。这 4 个口都有端口锁存器地址，它们属于 SFR。

2.2 8051 单片机引脚及功能

8051 单片机有 40 引脚双列直插方式(DIP)和 44 引脚方形封装方式，以 40 引脚的比较常见。图 2.3 给出了 DIP 方式的 8051 单片机引脚配置图。

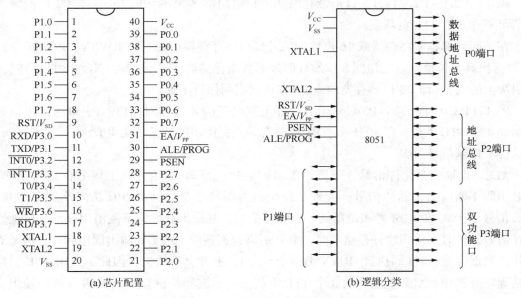

图 2.3 8051 单片机引脚配置图

13

图 2.3 中，左侧为按引脚排列的实际芯片配置情况，右侧为按逻辑分类的示意图。一般习惯上，若给出芯片豁口，则表示引脚是按实际情况排列；若无芯片豁口，则表示是按功能逻辑排列。在电路设计中经常使用右侧的方式来进行原理图设计，可使原理图更清晰明确。

8051 单片机的 40 个引脚可大致分为 3 大类：

（1）电源、地和外接晶体引脚

V_{CC}：芯片电源，为+5V。

V_{SS}：接地端。

XTAL2：接外部晶体的一端。在单片机内部，它是振荡电路反相放大器的输出端，振荡电路的频率就是晶体的固有频率。当采用外部时钟电路时，该引脚悬空。当单片机内部振荡电路正常工作时，可从这个引脚探查到振荡脉冲信号。

XTAL1：接外部晶体的另一端。在单片机内部，它是振荡电路反相放大器的输入端。当采用外部时钟信号时，外部脉冲从该引脚输入。

（2）输入输出（I/O）引脚

共 4 个 8 位并行 I/O 口，分别命名为 P0、P1、P2、P3。

P0 口（P0.0~P0.7）：P0 口是漏极开路的 8 位准双向 I/O 端口。输出时，每位能驱动 8 个 TTL 负载。做为输入口使用时，要先向口锁存器写入全"1"，可实现高阻输入。这就是准双向的含义。

在 CPU 访问片外存储器时，P0 口分时提供低 8 位地址和作为 8 位双向数据总线。当作为地址/数据总线时，P0 口不再具有 I/O 口特征，此时 P0 口内部上拉电阻有效，不是开漏输出。

P1 口（P1.0~P1.7）：P1 口是带有内部上拉电阻的 8 位准双向 I/O 口。P1 口的输出缓冲器能驱动 4 个 TTL 负载。

P2 口（P2.0~P2.7）：P2 口是带有内部上拉电阻的 8 位准双向 I/O 口。P2 口的输出缓冲器可驱动 4 个 TTL 负载。

在访问外部程序存储器或 16 位地址的外部数据存储器（如执行 MOVX@ DPTR 指令）时，P2 口送出高 8 位地址。在访问 8 位地址的外部数据存储器（如执行 MOVX@ R0 指令）时，P2 口引脚上的内容（即 P2 口锁存器的内容）在访问期间保持不变。

P3 口（P3.0~P3.7）：P3 口是带有内部上拉电阻的 8 位准双向口。P3 口的输出缓冲器可驱动 4 个 TTL 负载。在 8051 中，P3 口还有一些复用功能，见 2.4.4 节。

（3）控制信号引脚

ALE：地址锁存允许信号，下降沿有效，输出。当 8051 单片机上电复位正常工作后，ALE 引脚不断输出正脉冲信号，大致是每个机器周期 2 个脉冲。CPU 访问片外存储器时，ALE 信号用于从 P0 口分离和锁存低 8 位地址信息，其输出脉冲的下跳沿用作低 8 位地址的锁存信号。平时不访问片外存储器时，ALE 引脚以振荡频率的 1/6 输出固定脉冲。但是当访问外部数据存储器时（即执行 MOVX 类指令），ALE 脉冲会有缺失，因此不宜用 ALE 引脚作为精确定时脉冲。ALE 端能驱动 8 个 TTL 负载。用示波器检测该引脚是否有脉冲输出，可大致判断单片机是否正常工作。

RESET：复位信号，高电平有效，输入。当这个引脚维持 2 个机器周期的高电平时，单片机就能完成复位操作。

$\overline{PSEN}$：程序存储器读选通，低电平有效，输出。当 8051 从片外程序存储器取指令时，每个机器周期$\overline{PSEN}$两次有效。$\overline{PSEN}$引脚也能驱动 8 个 TTL 负载。

$\overline{EA}$：片内外程序存储器选择控制端，输入。

当$\overline{EA}$接高电平时，CPU 先访问片内程序存储器，当程序计数器 PC 的值超过 4KB 范围时自动转去执行片外程序存储器的程序。

当$\overline{EA}$端接地时，CPU 只访问片外 ROM，而不论是否有片内程序存储器。

2.3 存储器结构和配置

8051 单片机的存储器结构与传统计算机不同。一般微机不区分 ROM 和 RAM，而把它们统一安排在同一个物理和逻辑空间内。CPU 访问存储器时，一个地址对应唯一的一个存储器单元，所使用的指令也相同，但控制信号不同。另外对 I/O 端口采用独立的译码结构和操作指令。这种配置方法称为普林斯顿结构，PC 机上采用这种方式。

8051 单片机的存储器在物理结构上分为程序存储器空间和数据存储器空间，共有 4 个空间：片内程序存储器和片外程序存储器空间以及片内数据存储器和片外数据存储器空间。这种两类存储器分开的形式称为哈佛结构。需要注意的是，I/O 端口地址也包含在片外数据存储器空间范围之内。从编程者的角度看，8051 单片机存储地址分为以下三种：

① 片内外统一编址的 64K 程序存储器空间，16 位地址，地址范围 0000H~0FFFFH；

② 片外 64K 数据存储器地址空间(含 I/O 端口)，16 位，地址范围 0000H~0FFFFH；

③ 片内数据存储器地址空间，8 位，地址范围 00H~7FH，容量为 128 字节。

此外，8051 单片机的专用寄存器共有 21 个，它们离散地分布在片内 RAM 地址的高 128 字节区间。如果子型号有 256 字节片内 RAM，则用不同的寻址方式来区别高 128 字节 RAM 和专用寄存器。

8051 单片机的存储器空间配置如图 2.4 所示。

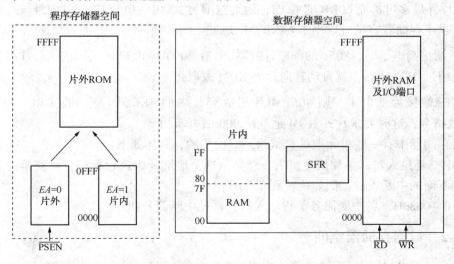

图 2.4 8051 单片机的存储器空间配置

图 2.4 中的几点说明：

① 对于片内无 ROM 的子型号如 8031，应将$\overline{EA}$引脚接地，程序存储器全部存放在片外 ROM，地址空间为 0000H~FFFFH；对于片内带有 Flash 的子型号如 8051，应将$\overline{EA}$端接高电平，系统先执行片内的 4K 程序，再转去执行片外的最多 60KB 程序。

② 关于数据存储器，片内部分有 128 字节和 256 字节之分。52 子系列的片内 RAM 是 256 字节，其高 128 字节的地址与专用寄存器的地址空间重叠，这时要用指令的不同类型来分别寻址：对专用寄存器，只能用直接寻址方式；对高 128 字节 RAM，只能用寄存器间接寻址方式。另外，还需要注意到，片外 64K 数据存储器空间还包含 I/O 端口地址在内。显然，对单片机来说，I/O 端口数的理论上限可以是 64K 个。

③ 对于程序存储器，片内和片外两部分在物理上是分离的，逻辑上是统一的。所谓逻辑上统一，是指它们的地址是连续安排的，片内部分为 0000H~0FFFH，片外部分紧接着为 1000H~0FFFFH，是一个统一的整体空间；而对于数据存储器，片内和片外两部分在物理上和逻辑上都是分开的。片内 128 字节的地址为 00~7FH，片外部分是 0000H~0FFFFH。

可以看到，这些地址空间有重叠的部分，那么如何区分这 3 个不同的地址空间呢？8051 单片机的指令系统设计了不同的数据传送指令：CPU 访问程序存储器时使用 MOVC 型指令，访问片外 RAM（以及 I/O 端口）时使用 MOVX 型指令，而访问片内 RAM 时使用 MOV 型指令。执行不同指令时，CPU 会发出不同的控制信号：访问片外 ROM 时发出$\overline{PSEN}$信号；访问片外 RAM 或 I/O 时发出$\overline{RD}$或$\overline{WR}$信号；访问片内 RAM 时，不发出外部控制信号。

2.3.1　程序存储器空间

8051 单片机存储器地址空间分为程序存储器（64KB ROM）和数据存储器（64KB RAM）。程序存储器用于存放程序和表格常数，通过 16 位程序计数器寻址，寻址能力为 64KB。执行指令时可以在 64KB 空间内任意跳转，但不能跳转到数据存储器空间。程序存储器是非易失性的，程序一旦写入，不会因停电而丢失。

8051 单片机片内的闪速程序存储器（Flash ROM）容量为 4KB，地址范围是 0000H~0FFFH；片外最多可扩充 60KB 的 ROM，地址范围为 1000H~0FFFFH，片内外统一编址。必须注意，程序存储器容量可以小于 64KB，但地址空间必须连续，中间不能有"空洞"。

当$\overline{EA}$端接高电平时，8051 的程序计数器 PC 在 0000H~0FFFH 范围内执行片内程序；当指令地址超过 0FFFH 后，就自动转向片外 ROM 去取指令。

如果$\overline{EA}$端接为低电平，则 8051 单片机放弃片内的 4KB 程序空间，CPU 只能从片外 ROM 中取指令，这时要求片外 ROM 地址从 0000H 单元开始。

程序存储器中有一些单元地址是留给系统使用的，具体如下：

0000H　复位入口，单片机复位后，总是从这个地址开始执行程序，可安排一条短跳转指令跳过下面的中断入口，例如跳转到 0030H。

0003H~0023H　各中断服务子程序入口，详见中断部分叙述。

2.3.2　数据存储器空间

数据存储器 RAM 用于存放运算的中间结果、数据暂存和缓冲、状态标志等。

数据存储器空间也分为片内和片外两部分。片内存储器为 128 字节，地址是 8 位的，范围为 00H~7FH；片外存储器为 64KB，16 位地址，范围为 0000H~0FFFFH。

（1）片内 RAM

8051 单片机的片内数据存储器为 128 字节（8052 单片机为 256 字节）。这部分资源非常重要，工作寄存器区、位寻址区和堆栈都在这个区域内。片内 RAM 地址短，执行速度快，在用汇编语言编写的程序中约有 50%的指令要和这些寄存器打交道。除了上述比较特殊的用途外，其他单元可用于存放运算的中间结果、数据暂存及缓冲等。

片内 RAM 的功能划分情况如图 2.5 所示。00H~1FH 的 32 个单元为 4 个工作寄存器区，分别称为工作寄存器 0 区、1 区、2 区和 3 区，每区 8 个字节，并命名为 R0~R7。以 0 区为例，此时字节地址 00H 与工作寄存器 R0 等价，字节地址 01H 与 R1 等价，不过使用寄存器名字直观简便，并使指令代码优越得多。任何时候，CPU 只能使用某一个特定的工作寄存器区。通过对程序状态字 PSW 中的 RS1、RS0 进行设置，可以选定和切换当前使用的工作寄存器区。通常，主程序使用 0 区，低级中断程序使用 1 区，高级中断程序使用 2 区，3 区作为备用。如果某些区不作为工作寄存器，也可以当作普通 RAM 单元使用。CPU 复位后，默认寄存器 0 区为工作寄存器。

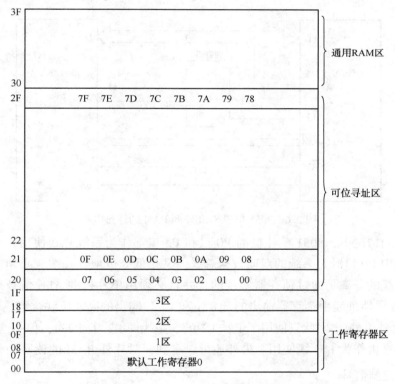

图 2.5　片内 128 字节 RAM 区的功能划分

假设当前使用工作寄存器 0 区，则工作寄存器 R7 的地址是 07H；如果当前使用工作寄存器 1 区，则此时的 R7 地址就变成 0FH。请考虑，如果当前使用的是 2 区，那么此时 R1 的地址是多少？

随后的 16 字节 20H~2FH 是可位寻址区，这些单元除了具有字节地址外，每个单元还有自己的位地址。从 20H 单元到 2FH 单元，位地址范围为 00H~7FH，恰好与整个 RAM 区

17

的字节地址范围相重合。例如字节地址为 20H 的单元，其位地址从低到高依次为 00H～07H，以下类推。可以通过指令类型来区分字节地址和位地址。单片机指令系统中有许多位操作指令，可以直接使用这些位地址，这能使许多复杂的逻辑关系运算变得十分简便。此外，在程序中也可以运用这些位地址设置状态变量，比使用字节地址更加节省硬件资源。例如分别用位地址内容的 1 或 0 来代表定时时间到/未到，减法运算有借位/无借位，超报警限/未超限等。

8051 单片机系统的堆栈也规定在这个 RAM 区域内。单片机复位后，堆栈指针的初始值为 07H。通常在主程序开始处用指令将堆栈指针转设到内部 RAM 较高地址区域，以免影响工作寄存器各区的正常使用。

（2）片外 RAM

当 8051 单片机系统的片内 RAM 不能满足要求时，可以扩展片外 RAM。片外 RAM 的最大扩展空间为 64KB，I/O 接口器件的端口地址也包含在这个空间里。

当片外扩展的 RAM 容量超过 256 字节时，要使用 P0 口分时作为低 8 位地址线和双向数据总线，用 P2 口传送高 8 位地址信息。图 2.6 是 8051 单片机扩展 8KB 片外 RAM 的硬件连接图。

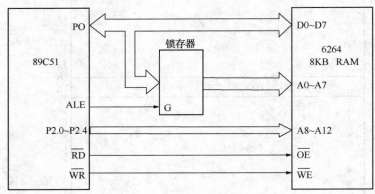

图 2.6　8051 扩展 8KB 外部 RAM 的连接电路

在图 2.6 的情况下，8051 单片机的 P0 口和 P2 口都作为系统总线使用，不能再作为通用 I/O 口。其中 P0 口既是系统的双向数据总线，又是低 8 位地址总线。必须注意，低 8 位地址和数据总线的分离是通过锁存器实现的，并且必须用单片机的 ALE 信号来控制锁存操作。系统的 16 位地址线由锁存器输出的低 8 位和 P2 口输出的高 8 位联合组成。图 2.6 中扩展了 8KB 的片外 RAM，因此只使用了 P2 口中的 5 条线即 P2.0～P2.4，但是这时 P2 口剩余的 3 条线也不宜再作为 I/O 线使用。另外还可以看到，对片外 RAM 的读写操作要用到单片机的$\overline{RD}$和$\overline{WR}$控制信号。

2.3.3　专用寄存器

专用寄存器也叫特殊功能寄存器或者简写为 SFR，共有 21 个，它们离散地分布在80H～FFH 地址空间内，只能用直接寻址方式进行访问。这些寄存器涉及对片上硬件资源的调度和控制，大体可分为两类：控制寄存器和常数寄存器。其中控制类的多数都能位操作，其地址的特点是低半字节为 0 或 8，详见表 2.2。

表 2.2　特殊功能寄存器地址表

D7			位地址				D0	字节地址	SFR	寄存器名
P0.7	P0.6	P0.5	P0.4	P0.3	P0.2	P0.1	P0.0	80	P0*	P0 口
87	86	85	84	83	82	81	80			锁存器
								81	SP	堆栈指针
								82	DPL	数据指针
								83	DPH	
SMOD								87	PCON	电源控制
TF1	TR1	TF0	TR0	IE1	IT1	IR0	IT0	88	TCON*	定时器
8F	8E	8D	8C	8B	8A	89	88			控制
GATE	$C/\overline{T}$	M1	M0	GATE	$C/\overline{T}$	M1	M0	89	TMOD	定时器方式
								8A	TL0	T0 低字节
								8B	TL1	T1 低字节
								8C	TH0	T0 高字节
								8D	TH1	T1 高字节
P1.7	P1.6	P1.5	P1.4	P1.3	P1.2	P1.1	P1.0	90	P1*	P1 口
97	96	95	94	93	92	91	90			锁存器
SM0	SM1	SM2	REN	TB8	RB8	TI	RI	98	SCON*	串行口
9F	9E	9D	9C	9B	9A	99	98			控制
								99	SBUF	收发缓冲器
P2.7	P2.6	P2.5	P2.4	P2.3	P2.2	P2.1	P2.0	A0	P2*	P2 口
A7	A6	A5	A4	A3	A2	A1	A0			锁存器
EA			ES	ET1	EX1	ET0	EX0	A8	IE*	中断允许
AF	—		AC	AB	AA	A9	A8			
P3.7	P3.6	P3.5	P3.4	P3.3	P3.2	P3.1	P3.0	B0	P3*	P3 口
B7	B6	B5	B4	B3	B2	B1	B0			锁存器
			PS	PT1	PX1	PT0	PX0	B8	IP*	中断优先
		—	BC	BB	BA	B9	B8			级
CY	AC	F0	RS1	RS0	OV	—	P	D0	PSW*	程序
D7	D6	D5	D4	D3	D2	D1	D0			状态字
E7	E6	E5	E4	E3	E2	E1	E0	E0	A*	A 累加器
F7	F6	F5	F4	F3	F2	F1	F0	F0	B*	B 寄存器

注：1. 带 * 的 SFR 既可以字节寻址也可以位寻址；

2. 寄存器 B 的字节地址和最低位的位地址都是 F0，而程序状态字 PSW D5 位的 F0 是其位名称而非地址，两者并无冲突；

3. 定时器方式控制寄存器 TMOD，虽然给出了各位的名称，但它是不可位寻址的；

4. "—"表示该位无定义。

（1）累加器 A(0E0H)

A 累加器是使用最频繁的 8 位 SFR，许多指令的操作数都包含 A 累加器，算术和逻辑运算更离不开它。

（2）寄存器 B(0F0H)

在乘、除法指令中用到寄存器 B。乘法指令用到两个操作数分别来自 A 和 B，乘积的高字节存放在 B，低字节存放在 A；除法指令中，A 中为被除数，B 中为除数，商存放在 A，余数存放在 B。

（3）程序状态字 PSW(0D0H)

PSW 是 8 位的专用寄存器，它的各位包含了程序执行后的状态信息，供程序查询或判别用。各位的含义及其格式见表 2.3。

表 2.3　程序状态字 PSW 定义

位地址	D7	D6	D5	D4	D3	D2	D1	D0
位名称	CY	AC	F0	RS1	RS0	OV	—	P
位定义	进位位	半进位	用户标识	寄存区选择		溢出标志	保留	奇偶位

注意，对所有可位寻址的专用寄存器，其最低位的位地址与其字节地址相同。

CY：进位/借位标志。在执行加法或减法运算时，如果运算结果最高位向前发生进位或借位时，CY 位会被自动置位为 1，不管此前该位的值是什么；如果运算结果最高位无进位或借位，则 CY 清零，不管此前该位的值是什么。CY 的值总是反映最近一次加减法操作后的结果状态。CY 也是进行位操作时的位累加器，简写为 C。

AC：半进位标志或称辅助进位标志。当执行加法或减法操作时，如果低半字节（位 3）向高半字节（位 4）有进位或借位，则 AC 位将被硬件自动置位为 1，否则清零。

F0：用户标志位。此位系统未占用，用户可以根据自己的需要对 F0 的用途进行定义。

RS1 和 RS0：工作寄存器区选择位。这两位的值指定当前使用哪个工作寄存器区，可用指令改变其数值组合，以便切换工作寄存器区。数值组合与工作寄存器区关系见表 2.4。

表 2.4　RS1、RS0 数值与工作寄存器区对应关系

RS1	RS0	选择寄存器区	片内 RAM 地址
0	0	0 区	00H~07H
0	1	1 区	08H~0FH
1	0	2 区	10H~17H
1	1	3 区	18H~1FH

单片机上电复位后，RS1 和 RS0 都为 0，因此默认使用工作寄存器 0 区。如果要改变当前工作寄存器区，可以采用字节操作或位操作两种方式，后者更快捷。这样的设置为程序中快速保护和恢复现场提供了便利。

OV：溢出标志位。当进行补码运算时，如果发生溢出，即表明运算结果超出了一字节补码能表达的数据范围−128~+127，此时 OV 由硬件置位为 1；若无溢出，则 OV 为 0。具体是否溢出的判断方法是，若最高位和次高位不同时向前进位，则发生溢出，否则无溢出。每当进行运算时进位位和溢出位都进行客观变化，不过，进行无符号数运算时关注进位位，进

行补码运算时关注溢出位。

PSW.1：保留位。单片机产品设计时有许多这类情况，凡是在某位置为短横线的情况，都是指该型号产品此位暂无定义。对无定义的位执行读操作会有不确定的结果，应避免。

P：奇偶校验位。每条指令执行后，该位始终反映 A 累加器中 1 的个数的奇偶性。如果 A 中 1 的个数为奇数个，则 P＝1，反之 P＝0。此功能可以用于校验串行通讯中数据传送是否出错，称为奇偶校验。

（4）堆栈指针 SP(81H)

堆栈指针 SP(Stack Pointer)是 8 位的专用寄存器，它可以指向单片机片内 RAM 00H～7FH 的任何单元，因此堆栈的最大理论深度是 128 字节。系统复位后，SP 的初始值为 07H。

堆栈概念：堆栈是一类特殊 RAM，它遵从"后进先出"的法则，这种结构对于处理中断和子程序调用都非常方便。8051 单片机的堆栈是向上生成的，在使用前应先对指针赋初始值。所谓向上生成，是指随着数据字节进入堆栈，堆栈的地址指针不断增大。堆栈操作有压栈和出栈两种。压栈时，指针先加 1，再把数据字节压入；出栈时，次序相反，是先弹出数据内容，指针再减 1。

影响堆栈的情况有：

① 使用压栈和弹栈指令，分别是 PUSH 和 POP，每次操作 1 字节。

② 当响应中断请求时，下一条要执行的指令代码地址自动压入堆栈，共 2 字节；且当中断返。

回时自动将所压入的 2 字节弹出堆栈回送给程序计数器 PC。这个过程是系统自动完成的，无须程序干预。

③ 当调用子程序时，调用指令之后的下一条指令地址自动进栈，共 2 字节；当子程序返回时该 2 字节自动弹出。

堆栈的作用：用压栈和弹栈指令进行快速现场保护和恢复；在中断和调用子程序时自动保护和恢复断点；利用堆栈传递参数。

（5）数据地址指针 DPTR(83H、82H，高字节在前)

数据地址指针 DPTR(Data Pointer)是一个 16 位的专用寄存器，由高字节 DPH 和低字节 DPL 组成。DPTR 可以作为一个 16 位寄存器使用，也可以按高低字节分别操作。DPTR 的主要用途是当操作外部 RAM 或 I/O 端口时存放一个 16 位的地址。此外 DPTR 还可以作为查表操作时的基地址。

（6）并行 I/O 口锁存器 P0～P3(80H、90H、A0H、B0H)

P0～P3 是 4 个专用寄存器，分别是 4 个并行 I/O 口的口锁存器。它们都有字节地址和位地址，并且每条 I/O 口线都可独立定义为输入或者输出。输出具有锁存功能，输入具有缓冲功能。

其他 SFR 在后续章节中介绍。除了这 21 个 SFR 外，8051 单片机中还有一个 16 位的程序计数器 PC(Program Counter)，它是不可寻址的。

2.4　8051 单片机的并行 I/O 接口

8051 单片机有 4 个 8 位并行输入输出(I/O)口，分别称为 P0、P1、P2、P3。共有 32 条 I/O 口线，每条 I/O 线都可以独立定义为输出或输入。每个端口都包括一个输出锁存器（即专用寄存器 Pi）、一个输出驱动器和一个输入缓冲器。这 4 个 I/O 口既有相似的特征，也有功能和结构上的区别。

8051 单片机输出时，是对口锁存器执行写操作，数据通过内部总线写入到口锁存器，并通过输出级反应在外部引脚上。而读操作时有两种不同情况，分别叫做读锁存器和读引脚。各 I/O 口每位的结构中，都有两个输入缓冲器，分别可将锁存器输出和外部引脚状态读回到 CPU 中。一般情况下，锁存器输出端和外部引脚的状态应一致。但在一些特定情况下两者可能不一致，设置读锁存器功能就是为了防止出现误读的现象。

这 4 个 I/O 口都称为准双向 I/O 口。所谓准双向，是指输入输出状态间的切换是有附加条件的。具体为：当从输出改为输入时，要先向口写"1"。

2.4.1　P0 口结构及功能

图 2.7 给出了 P0 口一个位的结构。它由一个输出锁存器、2 个三态输入缓冲器、输出驱动电路和控制电路组成。图中 1 和 2 是缓冲器，3 是逻辑非门，4 是逻辑与门。

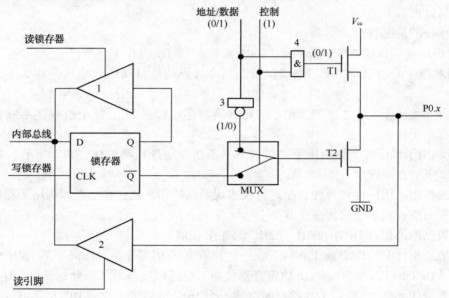

图 2.7　P0 口的位结构

（1）P0 作为通用 I/O 口

当 8051 单片机系统无外部并行存储器时，不执行 MOVX 类指令，亦即不需要外部地址数据总线。这时由硬件自动使控制线 C=0，封锁与门 4，使场效应管 T1 截止。在无地址/数据信息输出的情况下，多路开关拨向图中所示的位置，它把锁存器反向输出端与输出级 T2 联通。

输出时，数据从内部总线经锁存器 D 输入端进入，从反向端 $\overline{Q}$ 输出，再经过输出级的 2 次反向，在外部引脚上得到正确的输出逻辑电平。注意此时输出是漏极开路的状态，对于这种情况下的应用，通常要在引脚外部加接 10kΩ 左右的上拉电阻。

输入时，通过读引脚指令打开缓冲器 2 使外部引脚的状态经缓冲器进入内部总线到 CPU。若为读锁存器操作，则锁存器输出内容直接经缓冲器 1 读回。必须注意，如果某个口线为双向应用的，即：时而输出，时而输入，则当从输出改为输入时必须先向口写 1，然后

22

再进行输入操作。这是因为如果此前的输出数据为 0，则输出级处于导通状态，该引脚被强制钳位为低电平，它能把外设高电平信号强行拉低。为了避免读错信息，需要在进行输入前先向口写 1，关断输出级，使引脚处于高阻输入状态。

读锁存器的操作也叫做"读—修改—写"操作，它是以口为目的的逻辑操作。这种指令直接读锁存器而不是读端口引脚，可以避免读错引脚上的电平信号。例如，用一根 I/O 线驱动一个晶体管的基极，当向此口线输出 1 时，三极管导通并把引脚上的电平拉低。这时如果 CPU 读取引脚上的信息，就会把数据误读为 0；而如果从锁存器读取，就能获得正确的结果。

（2）P0 作为地址/数据总线

当 8051 单片机需要外部扩展存储器或者并行 I/O 接口器件时，系统必须提供地址和数据总线。CPU 对片外存储器进行读/写操作（执行 MOVX 指令或进行片外取指令）时，由内部硬件自动使控制线 C = 1，使与门 4 解锁，开关 MUX 拨向反相器 3 输出端。这时，外部引脚（经输出级 T2）与锁存器反向输出端 $\overline{Q}$ 断开，而与地址/数据输出端联通。这种情况下 P0 口不再是 I/O 口，而是系统的分时复用地址/数据总线。

输出低 8 位地址/数据信息：MUX 开关把 CPU 内部地址/数据线输出的内容经反相器 3 与输出驱动场效应管 T2 的栅极接通。输出信息经反相器 3 和输出级 T2 的再次反向，使正确的信息出现在引脚上。P0 口作为总线应用时，T1 和 T2 构成推挽式输出驱动，无需外部上拉电阻，且驱动能力很强。

输入 8 位数据：这种情况是在读引脚信号有效时打开输入缓冲器 2，使外部数据进入内部总线。

P0 口小结：P0 口既可作一般的 I/O 口，又可作为地址/数据总线。不同应用情况下的硬件构成不同，因此呈现出不同的特点。做 I/O 输出时，输出级是开漏电路，必须外接 10kΩ 上拉电阻；做 I/O 输入时，必须先向口写 1，使 T2 截止形成高阻输入状态才能正确读取输入电平。当 P0 作为地址/数据总线使用时是推挽输出、高阻输入的，无需外接上拉电阻。当 P0 口被作为总线使用时，就不能再作为 I/O 口使用。

2.4.2　P1 口结构及功能

P1 口是一个准双向通用 I/O 口，其一个位的结构如图 2.8 所示。与 P0 口比较，P1 口无切换开关，其锁存器反向输出端直接连接到输出极场效应管 T 的栅极，并且具有内部上拉电阻 R^*。该上拉电阻实质上是两个场效应管并接在一起：一个为负载管，其电阻固定；另一个可工作在导通和截止两种状态下，使其总电阻值变化近似为 0 或阻值很大两种情况。这可以改善动态响应，使引脚上的电平在从 1 到 0 或从 0 到 1 的变化过程中速度很快。

在 P1 口中，每个位都可以独立定义为输入线或输出线。输出 1 时，将 1 写入口锁存器，锁存器的反向输出为 0，使输出极场效应管截止，引脚上输出为高电平逻辑。输出 0 时，输出极场效应管导通，则输出引脚为低电平。当进行输入操作时，也必须先向口写 1，使输出场效应管截止，实现高阻输入。CPU 读取 P1 引脚状态时，其实就是读取外部引脚上的信息。外部引脚电平状态经输入缓冲器 2 进入到 CPU。

2.4.3　P2 口结构及功能

P2 口也是一个准双向口，其一个位的结构如图 2.9 所示。

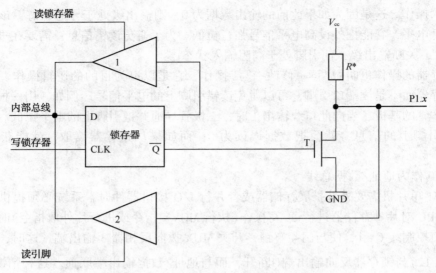

图 2.8 P1 口一个位的结构

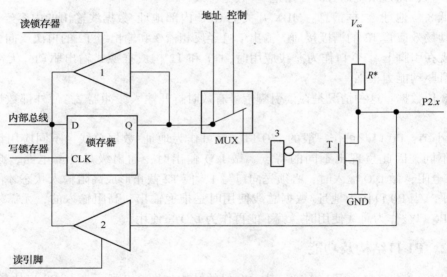

图 2.9 P2 口的位结构

P2 口与 P0 口和 P1 有相似的部分，但又不尽相同。P2 口既可以作为通用 I/O 口，也可以作为高 8 位地址总线，因此它也有一个切换开关。当 CPU 对片外存储器和 I/O 口进行读写操作时，开关倒向地址线端，这时 P2 口是地址总线，只输出高 8 位地址；当不执行 MOVX 指令，也不从外部 ROM 中读取指令时，开关倒向锁存器的 Q 输出端，这时 P2 口可作为通用 I/O 口。在同一个系统中，P2 口只能定义为 I/O 口或者地址总线，不能二者兼得。

当 P2 口作为高 8 位地址总线使用时，是整个端口一起定义的，这时即使 8 条地址线没有用完，剩余的口线也不宜再作为 I/O 口线使用。

应注意 P2 口锁存器是从 Q 端输出的，为了逻辑的配合，在输出极到栅极控制端之间加了一个反向器。P2 口也是带有内部上拉电阻的。

在单片机应用系统设计中，若片内程序存储器空间满足需要，且片外数据存储器容量不超过 256 字节，则不需要高 8 位地址总线，这时就可以把 P2 口作为通用 I/O 口来使用。

2.4.4 P3 口结构及功能

P3 口是一个多功能口,其位结构如图 2.10 所示。P3 口的结构比前 3 个口显得复杂。它多出的与非门 3 和缓冲器 4 使得本口除了具有通用 I/O 口功能外,还可以使用各引脚所具备的第二功能。与非门 3 是一个开关,输出时,它决定是输出锁存器 Q 端数据还是第二功能信号。如图 2.10 所示,当 W=1 时,输出 Q 端信号;当 Q=1 时,输出 W 线(即第二功能)信号。编程应用时,可不必考虑 P3 口某位应用于何种功能。当 CPU 对 P3 口进行专用寄存器寻址(字节或位)时,由内部硬件自动将第二功能输出线 W 置 1,这时 P3 口(或对应的口线)是通用 I/O 口(或 I/O 线)。当 CPU 不对 P3 口进行 SFR 寻址访问时,即用做第二功能时,由内部硬件自动对锁存器 Q 端置 1。

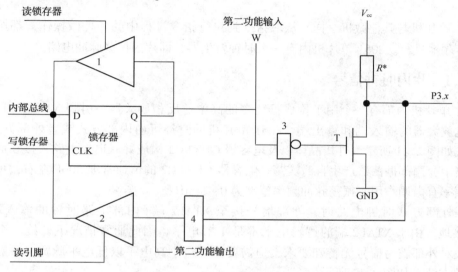

图 2.10　P3 口的位结构

（1）P3 口用做通用 I/O 口

工作原理与 P1 口类似。当把 P3 口作为通用 I/O 口进行输出操作时,"第二输出功能" W 端保持高电平,与非门 3 的输出由锁存器输出状态决定。所以,锁存器输出端 Q 的状态可通过与非门(此时是一个反向器)送至输出极 T 并输出到引脚。

输入时,应先向口写 1,使场效应管 T 截止,可作为高阻输入。当 CPU 读引脚时,"读引脚"控制信号有效,引脚信息经缓冲器 4(常通)、缓冲器 2 送到 CPU。

（2）P3 口用作第二功能

P3 口的第二功能是各口线单独定义的,且其输入或输出方向明确,见表 2.5。

表 2.5　P3 口各口线与第二功能表

口线	替代的第二功能	口线	替代的第二功能
P3.0	RXD(串行口接收输入)	P3.1	TXD(串行口发送输出)
P3.2	INT0(外部中断 0 输入)	P3.3	INT1(外部中断 1 输入)
P3.4	T0(定时计数器 0 的外部脉冲输入)	P3.5	T1(定时计数器 1 的外部脉冲输入)
P3.6	$\overline{WR}$(片外 RAM 写信号输出)	P3.7	$\overline{RD}$(片外 RAM 读信号输出)

当某位被用作第二功能时，该位的锁存器 Q 端输出被内部硬件自动置为 1，使与非门 3 的输出只受"第二输出功能"W 端的控制。由表 2.5 可见，第二功能情况下数据方向为输出的有 TXD、$\overline{WR}$ 和 $\overline{RD}$ 3 个引脚，其他 5 个是输入的。输出时引脚上出现的是第二输出功能的数据状态。第二功能输入时，W 线和锁存器 D 端均为 1，所以输出极场效应管 T 截止，该位引脚为高阻输入状态。对于第二功能为输入的 RXD、$\overline{INT0}$、$\overline{INT1}$、T0 和 T1，执行其功能时读引脚信号无效，缓冲器 2 不开通。此时，第二功能输入信号经缓冲器 4 送入第二功能输入端。

2.5 8051 单片机时钟电路与时序

8051 单片机与其他微机一样，从取指令到执行指令过程中的各种微操作，都按照一定的节拍有序地进行。8051 单片机内有一个时钟发生器，即片内振荡脉冲电路。

2.5.1 片内时钟信号

8051 单片机内部有一个用于构成振荡器的高增益反相放大器，引脚 XTAL1 和 XTAL2，分别是此放大器的输入端和输出端。8051 单片机的时钟可由内部方式或者外部方式产生。内部方式如图 2.11 所示。外接晶体以及电容器 C1 和 C2 构成并联谐振电路，接在放大器的反馈回路中，内部振荡器产生自激震荡。电容器 C1 和 C2 的值通常取 30pF 左右，可稳定频率并对频率有微调作用。振荡脉冲频率范围为 0～24MHz。

采用外部方式时钟电路时，外部信号接至 XTAL2 端（内部电路时钟的输入端），而 XTAL1 接地。由于 XTAL2 端的逻辑电平不是 TTL 电平，因此通常情况下外接一个上拉电阻。一般对外部震荡信号无特殊要求，但需要保证最小高电平以低电平脉宽，一般为低于 12MHz 的方波，如图 2.12 所示。

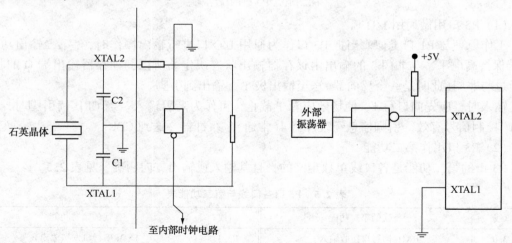

图 2.11 8051 单片机的片内振荡器和时钟发生器　　图 2.12 8051 单片机的片内振荡器和时钟发生器

（1）节拍和状态周期

时钟发生器是一个 2 分频的触发器电路，它将振荡器的信号频率 f_{osc} 除以 2，向 CPU 提供两相时钟信号 P1 和 P2。时钟信号的周期称为状态周期 S，每 2 个振荡周期为一个 S 状态。

26

在每个时钟周期的前半段，第一节拍 P1 有效，而后半段是第二节拍 P2 有效。

时钟周期也称为 S 状态，它的两个节拍 P1 和 P2 是基本的控制节奏。比如某个动作发生在 S5P2，就是指动作发生在一个机器周期的第 5 个时钟周期的后半段上。

（2）机器周期

一个机器周期是指 CPU 访问存储器一次所需要的时间，例如取指令、读写存储器等。8051 单片机的机器周期长度是固定的，为 12 个振荡周期，或 6 个 S 状态。每个 S 状态可细分为 P1 和 P2 两个节拍。机器周期的长度仅与振荡晶体的固有频率有关，若振荡晶体为 12MHz，则机器周期恰好为 1μs。

（3）指令周期

单片机执行一条指令所需要的时间或机器周期数，视指令的复杂程度而有不同，分别可能是 1 周期、2 周期或 4 周期。单片机的汇编语言指令，多数是单周期或双周期指令，少部分是 3 周期的，只有乘除法是 4 周期的。

指令的执行速度与它所需的机器周期数直接有关，机器周期数少当然执行速度快。在编程时，应注意优化程序结构和优选指令，尽量选用能完成同样功能而机器周期数少的指令。

（4）各种周期的关系

归纳起来，8051 单片机的定时单位从小到大依次如下：

振荡周期　　由振荡晶体决定，是最小时间单位；

状态周期　　即时钟周期，由两个振荡周期组成，称为一个 S 状态；

机器周期　　固定由 12 个振荡周期或 6 个状态周期组成，可执行一次基本操作；

指令周期　　执行一条指令所需要的时间，可能需要 1~4 个机器周期。

设单片机振荡晶体为 12MHz，则各周期数值分别为：

$$振荡周期 = 1/f_{osc} = 1/12MHz = 0.083μs$$

$$状态周期 = 振荡周期 \times 2 = 0.167μs$$

$$机器周期 = 12/f_{osc} = 12/12M = 1μs$$

$$指令周期 = (1~4)机器周期 = (1~4)μs$$

图 2.13 表示了 8051 单片机各种周期之间的关系。

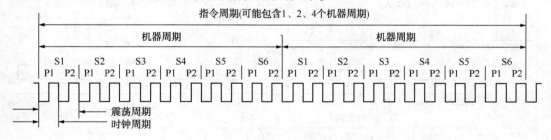

图 2.13　8051 单片机各种周期的相互关系

2.5.2　CPU 时序

每条指令的执行都包括取指和执行两个阶段。CPU 先从内部或外部程序存储器中取出指令，然后再执行。8051 单片机的每个机器周期中包含 6 个 S 状态，每个状态划分为 2 个节拍。根据各种指令的复杂程度，每条指令形成的代码可有单字节、双字节或三字节。从执行速度上，有单周期、双周期甚至四周期指令。指令的字节数和执行的周期数之间没有必然联系，单字节和双字节指令都可能是单周期或双周期，而 3 字节指令一定是双周期，只有乘除法指令是 4 个周期。

所谓时序，是研究某种操作有哪些控制和数据信号参与，这些信号动作的先后次序如何，以及信号是电平有效还是跳变边沿发生作用。在查看时序图时应注意纵向观察，了解各信号的配合关系。研究时序能更好地学习掌握单片机的工作原理，这种技能也对今后学习掌握其他单片机或接口电路有重要意义。

图 2.14 给出了几种指令的取指和执行的时序。最顶行给出了振荡器波形，它可以作为基本的时序参考。图中画出了 2 个机器周期的情况。一般情况下，在每个机器周期中 ALE 信号两次有效，第一次出现在 S1P2 和 S2P1 期间，第二次出现在 S4P2 和 P5P1 期间。ALE 是地址锁存允许信号，有效时刻发生在下跳沿。

单周期指令的执行始于 S1P2，这时操作码被锁存到指令寄存器内，若是双字节指令则在同一机器周期的 S4 读取第二字节。若是单字节指令，则在 S4 仍有取指操作，但读入的内容被忽略，且程序计数器不加 1。图 2.14(a) 和图 2.14(b) 分别给出了单字节单周期和双字节单周期指令的时序，都能在一个机器周期结尾处即 S6P2 时刻完成操作。

图 2.14(c) 是单字节双周期指令的时序，两个机器周期内执行了 4 次读操作码的操作，因为是单字节指令，所以后 3 次读操作都是无效的。

图 2.14(d) 给出了访问片外 RAM 的 MOVX 型指令的时序，它也是一条单字节双周期指令，在第一个机器周期 S5 开始送出片外 RAM 地址后，进行读/写操作。读写期间在 ALE 端不输出有效信号，第二机器周期期间也不发生取指操作。本例包含对片外 RAM 的读或写两种操作情况。

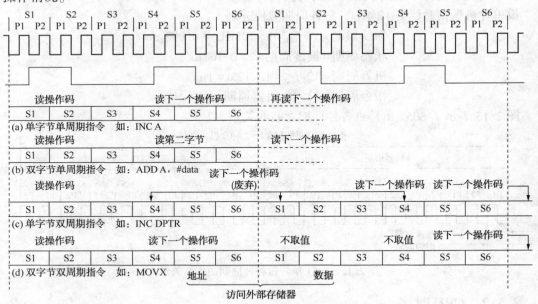

图 2.14　8051 单片机的取指/执行操作时序

算数逻辑运算操作一般发生在节拍 1 期间，内部寄存器对寄存器的传送操作一般发生在节拍 2 期间。

2.5.3 复位电路

（1）复位的意义和功能

8051 单片机与其他微处理器一样，在启动时都需要复位，使 CPU 及系统各部件处于确定的初始状态，并从这个初始状态开始运行。单片机的复位信号来自外部，从 RST 引脚进入到芯片内的施密特触发器中。系统正常工作期间，如果 RST 引脚上有一个高电平并维持 2 个机器周期以上，则可引起 CPU 复位。

复位引起 CPU 的初始化。其主要功能是把程序计数器 PC 的值初始化为 0000H，以便复位结束后从这个地址开始取指令。CPU 从冷态接电的启动复位常称为冷启动或上电复位。相应地，如果 CPU 在运行期间由于程序运行出错等原因造成系统死机，也可以通过复位使之激活，此称热启动。热启动有手动复位和看门狗复位两种方法。

复位期间，CPU 除对 PC 赋初始值 0000H 之外，还对一些专用寄存器有影响，具体如下：

A 累加器	00H	清零
PSW	00H	默认选择工作寄存器 0 区
SP	07H	堆栈指针初始值，可在复位后重新设置
P0～P3	FFH	端口初始状态，可为高阻输入
其他 SFR	初始值为 00H	
片内 RAM	不受复位影响	

对于片内 RAM 在复位后的情况需要特别留意。由于复位不影响内部 RAM，所以 RAM 中的内容要根据情况判定。如果是冷启动，则 RAM 中各单元是随机数；如果是热启动，则 RAM 中的内容不变，维持复位前的数据。这个特点可以被利用来判断复位源，见后文叙述。

熟知 SFR 的初始状态对编程很重要，而 I/O 口复位后为高电平的特征也必须在硬件设计时充分注意到。

（2）复位信号

RST 引脚是复位信号输入端。复位信号是高电平有效的，其持续时间必须维持 2 个机器周期以上。若使用 12MHz 晶体，则复位信号高电平时间应超过 2μs，才能完成复位操作。

复位电路信号逻辑如图 2.15 所示，包括芯片内、外两部分。外电路产生的复位信号 RST 送到施密特触发器，再由片内复位电路在每个机器周期的 S5P2 时刻对施密特触发器的输出进行采样，然后才得到内部复位所需的信号。

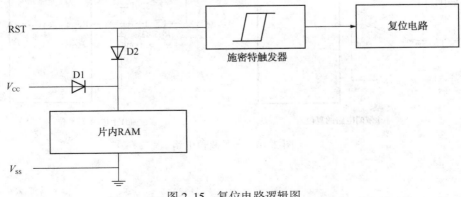

图 2.15 复位电路逻辑图

（3）复位电路

复位操作有三种方式：上电自动复位、按键手动复位和看门狗自动复位。

① 上电自动复位

上电自动复位是在施加电源瞬间通过 RC 电路来实现，如图 2.16（a）所示。在通电瞬间，电源通过电容 C 和电阻 R 回路对电容充电，使 RST 端出现如图 2.16（b）所示的波形，经过施密特整形电路，可向内部复位电路提供一个正脉冲引起单片机复位。通常取 $R=1\text{k}\Omega$，$C=22\mu\text{F}$，就能可靠复位。如果系统中还有其他外围器件也需要复位信号，可以按图 2.16（c）所示加接一个门电路。

② 手动复位

手动复位是指单片机在运行期间通过手动按钮使 CPU 强行复位，再从头开始运行。图 2.16（d）表示的是上电复位与手动复位结合的情况。

③ 看门狗复位

以单片机为核心的智能装置，应具有自动脱离死循环或死机的功能，这就是看门狗电路，也叫 Watch Dog。看门狗的设计理念是：设计一个硬件电路，在程序正常运行期间，只要定时发出清除信号（称为喂狗），该电路就一直维持不发作；一旦程序不能正常运行，经过一定时间后（一般为几十毫秒到 1s），看门狗电路会自动发作，产生复位信号促使单片机复活。看门狗的设计方法有很多种，可使用外围芯片、利用单片机内部看门狗、利用单片机内部定时器中断等。看门狗电路的详细设计方法见后面章节叙述。

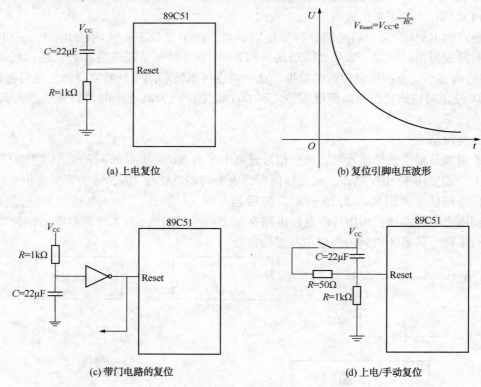

图 2.16　各种复位电路

30

1. 8051 单片机内部有哪些主要逻辑功能部件？

2. 8051 单片机的程序存储器和数据存储器各有什么用处？

3. 8051 的存储器分为哪几个空间？如何区别不同空间的地址？

4. 简述布尔处理器的空间分配，片内 RAM 中包含哪些可位寻址的单元？

5. 8051 单片机如何确定或者改变当前工作寄存器组？

6. 8051 单片机 P0 口用作通用 I/O 输入时，应注意什么？为什么？

7. 读端口锁存器和读引脚有何不同？各使用哪种指令？

8. 开机复位后，CPU 使用的是哪组工作寄存器，它们的地址是什么？

9. 程序状态寄存器 PSW 的作用是什么，常用标志有哪些，作用是什么？

10. 8051 单片机的时钟周期与振荡周期之间有什么关系，什么叫机器周期和指令周期？

11. 一个机器周期的时序如何划分？

12. 什么叫堆栈，堆栈指针 SP 的作用是什么？

13. 复位对片内 RAM 有何影响？分别指出上电复位和看门狗复位后片内 RAM 是何状态。

3 MCS-51 单片机指令系统

计算机可以笼统地分为硬件和软件两部分，前面详细介绍了 8051 单片机的硬件知识，对其硬件结构已有了一定的掌握，从本章开始，我们介绍 8051 单片机的汇编指令系统。计算机能有效地发挥其功能，软件的支持是必不可少的，软件是由各种程序组成，程序则是由一条条指令组成。同样，8051 单片机也需要一条条指令去完成相应的功能。

3.1 单片机指令系统概述

所谓指令，是指规定单片机完成一个特定功能的命令，每一条指令都明确规定了从哪里去操作数，进行什么操作，运算结果存放在哪里等。单片机可以执行的全部指令集合叫做指令系统。指令系统是反映单片机性能的重要因素，它的格式与功能直接影响单片机应用程序的体系结构和单片机的适用范围。

MCS-51 指令系统专用于 MCS-51 系列的单片机，是一个具有 255 种操作代码的集合。MCS-51 汇编语言指令由操作码助记符字段和操作数字段两部分组成。操作码字段指示了计算机所要执行的操作，由 2~5 个英文字母表示，如 MOV、ADD 等。操作数字段指出了参与操作的数据来源和操作结果存放的目的单元。操作数可以是一个常数（立即数），或者是一个数据所在的空间地址，即在执行指令时可以从指定的地址空间取出操作数。操作码和操作数都有对应的二进制代码，指令代码由若干字节组成。对于不同的指令，指令的字节数不同。

3.1.1 指令分类

MCS-51 汇编语言指令一共有 111 种。指令系统的功能强弱在很大程度上决定了计算机智能的高低。MCS-51 指令系统功能很强，例如，它有四则运算指令、丰富的条件转移指令、位操作指令等，使用灵活方便。8051 单片机作为 MCS-51 单片机中的一员，拥有以上的指令。下面按不同标准对其进行指令分类。

（1）按照指令所占的字节数分类

① 单字节指令（49 条）；

② 双字节指令（46 条）；

③ 三字节指令（16 条）。

（2）按照指令执行时间的长短分类

① 单周期指令（65 条）；

② 双周期指令(44 条);

③ 四周期指令(2 条)。

（3）按照指令的功能分类

① 数据传送类(29 条);

② 算术操作类(24 条);

③ 逻辑操作类(24 条);

④ 控制转移类(17 条);

⑤ 布尔变量操作类(17 条)。

为了清晰、准确地表述指令的格式及功能，下面对 MCS-51 单片机指令系统中常用符号作一些规定，并解释其意义。

Rn——当前选中的寄存器区的 8 个通用工作寄存器 R0~R7($n=0$~7)。当前选中的通用工作寄存器区由程序状态字 PSW 中的 D3，D4 位(即 RS0，RS1)确定，通用工作寄存器在片内数据存储器中的地址为 00H~1FH。

Ri——当前选中的寄存器区中可作间址寄存器的 2 个通用工作寄存器 R0、R1($i=0$、1)。

@Ri——通过寄存器 R0 或 R1 间接寻址的 8 位内部数据 RAM 单元(0~255)，$i=0$、1。

Direct——8 位内部数据存储器单元地址。可以是一个内部 RAM 单元的地址(0~127/255)或一个专用寄存器的地址，如 I/O 端口、控制寄存器、状态寄存器等(128~255)。

#data——8 位立即数，即包含在指令中的 8 位常数。

#data16——16 位立即数，即包含在指令中的 16 位常数。

addr11——11 位的目的地址。用于 ACALL 和 AJMP 指令中，目的地址必须放在与下一条指令第一字节同一个 2KB 程序存储器区地址空间之内。

addr16——16 位的目的地址。用于 LCALL 和 LJMP 指令中，目的地址的范围是 64KB 程序存储器地址空间。

Rel——补码形式的 8 位地址偏移量。用于 SJMP 和所有的条件转移指令中。偏移量相对下一条指令的第一个字节计算，在-128B~+127B 范围内取值。

DPTR——数据指针，可用作 16 位的地址寄存器。

Bit——内部 RAM 或专用寄存器中的直接寻址位。

A——累加器。

B——专用寄存器，用于 MUL 和 DIV 指令中。

C——进位标志或进位位，或布尔处理机中的累加器。

@——间址寄存器或基址寄存器的前缀，如@Ri、@DPTR。

/——位操作数的前缀，表示对该位操作数先取反再参与操作，但不影响该操作数，如/bit。

X——片内 RAM 中的直接地址或寄存器。

(X)——X 中的内容。

((X))——由 X 寻址的单元中的内容。

←——箭头左边的内容被箭头右边的内容所代替。

3.1.2 寻址方式

所谓寻址方式就是如何找到存放操作数的地址，把操作数提取出来的方法。MCS-51 系列单片机共有 7 种寻址方式：寄存器寻址、立即寻址、直接寻址、寄存器间接寻址、相对寻址、变址寻址、位寻址。

（1）寄存器寻址

寄存器寻址就是由指令指出寄存器 R0~R7 中某一个或其他寄存器（A、B、DPTR 等）的内容作为操作数。

例如：MOV　A,R0;

将寄存器 R0 的内容送累加器 A,注:分号";"后为注释,起到说明指令功能的作用。

（2）立即寻址

立即寻址方式是指操作数包含在指令字节中，其数值由程序员在编制程序时指定，以指令字节的形式存放在程序存储器中。

例如：MOV　A,#00H

指令功能是将立即数 00H 送入累加器 A 中,操作数 00H 跟在操作码后面,以指令形式存放在程序存储器中。

（3）直接寻址

在指令中直接给出操作数所在存储单元的地址，称为直接寻址方式。此时指令中操作数部分就是操作数所在地址。在 MCS-51 系统中，使用直接寻址方式可访问片内 RAM 的 128个单元以及所有的特殊功能寄存器（SFR）。对于特殊功能寄存器，既可以使用它们的地址，也可以使用它们的名字。专用功能寄存器只能使用直接寻址方式进行访问。

例如：MOV　31H,30H;

将 30H 单元的内容送 31H 单元。

一条直接寻址方式的指令至少占内存 2 个单元。

（4）寄存器间接寻址

由指令指出某一个寄存器中的内容作为操作数的地址，这种寻址方式称为寄存器间接寻址。寄存器间接寻址只能使用寄存器 R0 或 R1 作为地址指针来寻址内部 RAM（00H~0FFH）中的数据；寄存器间接寻址也适用于访问外部 RAM，可使用用 R0、R1 或 DPTR 作为地址指针。寄存器间接寻址用符号@表示。

例如：MOV　A,@R0

指令功能是将 R0 所指出的内部 RAM 单元中的内容送累加器 A。若 R0 的内容为 20H,20H 单元的内容为 00H,则执行指令后累加器 A 的内容被赋值为 00H。

（5）相对寻址

相对寻址只出现在相对转移指令中。相对转移指令执行时，是以当前的 PC 值加上指令中规定的偏移量 rel 而形成实际的转移地址。这里所说的 PC 的当前值是执行完相对转移指令后的 PC 值。一般将相对转移指令操作码所在地址称为源地址，转移后的地址称为目的地址。于是有：

$$目的地址 = 源地址 + 2（相对转移指令字节数） + rel$$

例如：执行指令"JC　rel"。

这是一条以 CY 为条件的转移指令。若源地址为 3021H,rel=20H,CY=1,则该指令执行结束后目的地址为 3043H。

在实际中，经常需要根据已知的源地址和目的地址计算偏移量 rel。

（6）变址寻址（基址寄存器+变址寄存器间接寻址）

变址寻址是以某个寄存器的内容为基地址，然后在这个基地址的基础上加上地址偏移量形成真正的操作数地址。这种寻址方式只能访问程序存储器，访问的范围为 64KB。当然这种访问只能从 ROM 中读取数据而不能写入。在 MCS-51 系统中使用 DPTR 或 PC 作为基址寄存器，累加器 A 为变址寄存器。

例如：MOVC A,@A+DPTR；

若 DPTR 的内容为 3000H,A 的内容为 05H,则该指令是将程序存储器中的单元 3005H 的内容读入累加器 A 中。即,若(DPTR)=3000H,(A)=05H,(3005H)=35H,则执行完这条指令后累加器 A 的内容为 35H。

这种寻址方式多用于查表操作。

（7）位寻址

采用位寻址方式的指令的操作数将是 8 位二进制数中的某一位。指令中给出的是位地址，即片内 RAM 某一单元中的一位。位地址在指令中用 bit 表示。

例如：CLR bit

MCS-51 系统单片机片内 RAM 有两个区域可以位寻址：一个是 20H~2FH 的 16 个单元中的 128 位，另一个是字节地址能被 8 整除的特殊功能寄存器。

在 51 系统单片机中，位地址常用下列两种方式表示：

① 直接使用位地址。对于 20H~2FH 的 16 个单元共 128 位的位地址分布是 00H~7FH。如，20H 单元的 0~7 位位地址是 00H~07H，而 21H 的 0~7 位位地址是 08H~0FH，……以此类推。

② 对于特殊功能寄存器，可以直接用寄存器名加位数表示，如 PSW.0 等。

寻找操作数或指令的地址的方式。若不特别声明，我们后面提到的寻址方式均指源操作数的寻址方式。寻址方式总结表见表 3.1。

表 3.1 寻址方式总结表

寻址方式	寻址空间	寻址方式	寻址空间
立即寻址	程序存储器	直接寻址	片内 RAM 低 128 字节、SFR
寄存器寻址	工作寄存器 R0~R7，A，B，DPTR	寄存器间址	片内 RAM：@R0，@R1，SP 片外 RAM：@R0，@R1，@DPTR
变址寻址	程序存储器：@A+PC，@A+DPTR	相对寻址	程序存储器 256 字节范围内：PC+偏移量
位寻址	片内 RAM 的位寻址区(20H~2FH 字节地址)可位寻址的 SFR		

3.2 8051 单片机指令系统

8051 汇编语言的语句格式表示如下：

〔<标号>〕:<操作码>〔<操作数>〕;〔<注释>〕

即一条汇编语句是由标号、操作码、操作数和注释四个部分所组成，其中方括号括起来的是可选择部分，可有可无，视需要而定。

指令通常两部分组成：操作码、操作数。

操作码：是由助记符表示的字符串，操作码其实就是告诉我们这条指令是起什么样的一个功能，是加？减？传送？还是控制？

操作数：是指参加操作的数据或者是数据地址。

注释：为了便于我们阅读程序，通常我们在指令的后面都会加上注释。

标号：用来表示子程序名称或程序执行条件跳转时的程序跳转地址，实际上是表示一个地址值。

在 8051 指令系统中，操作数可以是 1 个、2 个、3 个，也可以没有。不同功能的指令，操作数作用也不同。例如，传送类指令多数有两个操作数，写在左面的称为目的操作数（表示操作结果存放的单元地址），写在右面的称为源操作数（指出操作数的来源）。

操作码与操作数之间必须用空格分开，操作数与操作数之间必须用逗号 "," 分开。带方括号的项可有可无，称为可选项。由指令格式可见，操作码是指令的核心，不可缺少。

例如一条传送指令的书写格式如为：MOV A，3AH ；（A）←（3AH）它表示将 3AH 存储单元的内容送到累加器 A 中。

指令的长度，就是描述一条指令所需要的字节数，用一个字节能描述的指令我们叫 1 字节指令，同理，用两个字节描述的叫 2 字节指令，用三个字节描述的指令就叫 3 字节指令。在这里我们对 8051 的 111 条指令进行了分类：

1 字节指令共有 49 条；

2 字节指令共有 45 条；

3 字节指令共有 17 条。

到底哪条指令是 1 字节、2 字节或者 3 字节指令，可以在指令表中查阅，也可以在相应的数据手册中查询。

指令计数器 PC 是一个 16 位的计数器，那么这个指令计数器是怎样来计数的呢？指令有 1 字节、2 字节、3 字节指令，是不是每执行 1 个字节，这个指令计数器 PC 就自动加 1？答案是错误的！实际上，PC 始终是跟踪着指令的，并不是以字节数来相加。在存放程序的 ROM 中，是一个字节一个字节的向后执行，但程序计数器 PC 并不是每加一个字节就加 1，它是对特定的某一条指令执行完了之后，相应的程序计数器 PC 才加 1，那么这条指令可能是 1 个字节，也可能是 2 个或者 3 个字节。

一般格式：

操作助记符　　[目的操作数][，源操作数][；注释]

注：在两个操作数的指令中，通常目的操作数写在左边，源操作数写在右边。

3.2.1　数据传送指令

CPU 在进行算术和逻辑运算时，总需要有操作数。所以，数据的传送是一种最基本、最主要的操作。所谓"传送"，是把源地址单元的内容传送到目的地址单元中去，而源地址单元的内容不变；或源、目的地址单元的内容互换。

数据传送类指令用到的助记符有 MOV、MOVX、MOVC、XCH、XCHD、PUSH、POP 等 7 种。此外，8051 单片机指令系统还有一条 16 位的传送指令，专用于设定数据指针 DPTR。

（1）内部存储器间的传送指令

① 以累加器为目的操作数的指令

汇编指令格式	操作
MOV A, Rn;	(A)←(Rn)
MOV A, direct;	(A)←(direct)
MOV A, @Ri;	(A)←((Ri))
MOV A, #data;	(A)←data

上述指令是将第二操作数(源操作数)所指定的工作寄存器 Rn 的内容、直接寻址单元的内容、间接寻址单元的内容及立即数传送到第一操作数所指定的累加器 A 中。MOV A, Rn 指令对应的机器语言指令为"110 1rrr",其中,rrr 为工作寄存器地址,rrr=000~111 对应当前工作寄存器区中的寄存器 R0~R7。Ri 为间接寻址寄存器,i=0 或 1,即 R0 或 R1。上述操作不影响源操作数,只影响 PSW 的 P 标志位。

② 以寄存器 Rn 为目的操作数的指令

汇编指令格式	操作
MOV Rn, A;	(Rn)←(A)
MOV Rn, direct;	(Rn)←(direct)
MOV Rn, #data;	(Rn)←data

这组指令的功能是把源操作数所指定的内容送到当前工作寄存器组 R0~R7 中的某个寄存器中。源操作数有寄存器寻址、直接寻址和立即数寻址三种方式。

例如:(A)=23H,(50H)=45H,(R2)=67H,

则执行执行指令:MOV R2, A;   (R2)←(A)

指令执行后:(R2)=23H

MOV R2, 50H;   (R2)←(50H)

指令执行后:(R2)=45H

MOV R2, #00H;   (R2)←00H

指令执行后:(R2)=00H

注意:8051 指令系统中没有"MOV Rn, Rn"这条传送指令。

③ 以直接地址为目的操作数的指令

汇编指令格式	操作
MOV direct, A ;	(direct)←(A)
MOV direct, Rn;	(direct)←(Rn)
MOV direct1, direct2;	(direct1)←(direct2)
MOV direct, @Ri;	(direct)←((Ri))
MOV direct, #data;	(direct)←data

这组指令的功能是把源操作数所指定的内容送入由直接地址 direct 所指定的片内存储器单元中。源操作数有寄存器寻址、直接寻址、寄存器间接寻址和立即数寻址等方式。

注意:"MOV direct1, direct2"指令在译成机器码时,源地址在前,目的地址在后。

④ 以间接地址为目的操作数的指令

汇编指令格式	操作
MOV @Ri, A ;	((Ri))←(A)
MOV @Ri, direct;	((Ri))←(direct)
MOV @Ri, #data;	((Ri))←data

（Ri）表示 Ri 中的内容为指定的 RAM 单元的地址。

这组指令的功能是把源操作数所指定的内容送入由 Ri 间接寻址所指定的片内存储器单元中。源操作数有寄存器寻址、直接寻址和立即数寻址等方式。

（2）16 位数据传送指令

汇编指令格式	操作
MOV　DPTR,#data16;	（DPH）←dataH
	（DPL）←dataL

这是唯一的 16 位数据传送指令。其功能是把 16 位常数送入 DPTR。DPTR 由 DPH 和 DPL 组成。这条指令的执行结果是将高 8 位立即数 dataH 送入 DPH，低 8 位立即数 dataL 送入 DPL。在译成机器码时，亦是高位字节在前，低位字节在后。

例如：MOV　DPTR,#3000H 的机器码是"90H 30H 00H"。

（3）栈操作指令

① 入栈指令

汇编指令格式	操作
PUSH　direct;	（SP）←（SP）+1
	（（SP））←（direct）

进行入栈操作时，先将栈指针 SP 调整加 1 移向上一个空单元，然后将直接地址 direct 寻址的单元的内容压入当前 SP 所指向的堆栈单元。本操作不影响标志位。

② 出栈指令

汇编指令格式	操作
POP　direct;	（direct）←（（SP））
	（SP）←（SP）-1

进行出栈操作时，先将栈指针 SP 所指向的内部 RAM（堆栈）单元中的内容送入由直接地址 direct 寻址的单元中，然后将栈指针 SP 的内容调整减 1 移向下一单元。本操作不影响标志位。

（4）交换指令

① 字节交换指令

汇编指令格式	操作
XCH　A,Rn;	（A）↔（Rn）
XCH　A,direct;	（A）↔（direct）
XCH　A,@Ri;	（A）↔（（Ri））

字节交换指令将累加器 A 中的内容与第二操作数所指定的工作寄存器 Rn 的内容、直接寻址或间接寻址的单元中的内容互换。

② 半字节交换指令

汇编指令格式	操作
XCHD A,@Ri;	（A）0~3↔（（Ri））0~3

该指令将累加器 A 中内容的低 4 位与 Ri 间接寻址的单元内容的低 4 位互换，高 4 位内容保持不变。该操作只影响标志位 P。

（5）从程序存储器读数指令与查表程序举例

在 MCS-51 指令系统中，有两条极为有用的查表指令，其数据表格存放在程序存储器中。

① 远程查表指令

汇编指令格式　　　　　　　　　　操作

MOVC　A,@A+DPTR；　　　　　(PC)←(PC)+1

　　　　　　　　　　　　　　　(A)←((A)+(DPTR))

这条指令以 DPTR 为基址寄存器，A 的内容作为无符号数和 DPTR 的内容相加得到一个 16 位的地址，把该地址指出的程序存储器单元的内容送到累加器 A。CPU 在执行指令时，以 DPTR 为基址寄存器进行查表。通常将表格首址赋值给 DPTR，而累加器 A 的内容则存放所要读取的数据单元相对表格首址的偏移量。

这条指令的执行结果只与数据指针 DPTR 和累加器 A 的内容有关，与该指令的存放地址无关。因此表格的位置可在 64KB 程序存储器中任意安排，所以称之为远程查表指令。

② 近程查表指令

汇编指令格式　　　　　　　　　　操作

MOVC　A,@A+PC；　　　　　　(PC)←(PC)+1

　　　　　　　　　　　　　　　(A)←((A)+(PC))

CPU 读取该单指令后，PC 的内容先自动加 1，将新的 PC 内容与累加器 A 中的偏移量(8 位无符号数)相加形成地址。取出该地址指出的程序存储器单元的内容送到累加器 A。这种查表操作很方便，但数据表格只能存放在该指令以后 256B 范围内，故称为近程查表指令。

（6）累加器 A 与外部数据存储器传送数据指令

在 MCS-51 指令系统中，CPU 对外部 RAM 的访问只能使用寄存器间接寻址方式，并且只有以 MOVX 为助记符的 4 条指令。

① 外部数据存储器内容送累加器(即读外部数据存储器)。

汇编指令格式　　　　　　　　　　操作

MOVX　A,@Ri；　　　　　　　(A)←((P2)+(Ri))

MOVX　A,@DPTR；　　　　　　(A)←((DPTR))

在执行这两条指令时，P3.7 引脚上输出有效的 RD 信号，用作外部数据存储器的读选通信号。

第一条指令中，Ri 所包含的低 8 位地址信息由 P0 口输出，而高 8 位地址信息(SFR P2 中的内容)由 P2 口输出，该 16 位地址所寻址的外部 RAM 单元的数据经 P0 口输入到累加器，P0 口作分时复用的总线。

第二条指令中，DPTR 所包含的 16 位地址信息由 P0(低 8 位地址信息)和 P2(高 8 位地址信息)输出，该 16 位地址所寻址的外部 RAM 单元的数据经 P0 口输入到累加器，P0 口作分时复用的总线。

例如：设外部数据存储器 2345H 单元的内容为 55H，则下列两条执行指令后，累加器 A 中的内容为 55H。

MOV　DPTR,#2345H

MOVX　A,@DPTR

等价于：

MOV P2,#23H

MOV R0,#45H

MOVX A,@R0

② 累加器内容送外部数据存储器(即写外部数据存储器)。

汇编指令格式	操作
MOVX @Ri,A;	((P2)+(Ri))←(A)
MOVX @DPTR,A;	((DPTR))←(A)

在执行这两条指令时，P3.6引脚上输出有效的 WR 信号，用作外部数据存储器的写选通信号。

第一条指令中，Ri 所包含的低 8 位地址信息由 P0 口输出，而高 8 位地址信息(SFR P2 中的内容)由 P2 口输出，累加器 A 的内容经 P0 口输出到该 16 位地址所寻址的外部 RAM 单元，P0 口作分时复用的总线。

第二条指令中，DPTR 所包含的 16 位地址信息由 P0(低 8 位地址信息)和 P2(高 8 位地址信息)输出，累加器 A 的内容经 P0 口输出到该 16 位地址所寻址的外部 RAM 单元，P0 口作分时复用的总线。

例如：设累加器 A 中的内容为 55H,则下列两条执行指令后,外部数据存储器 2105H 单元的内容为 55H。

MOV DPTR,#2105H

MOVX @DPTR,A

3.2.2 算术运算指令

在 8051 单片机指令系统中具有加、减、乘及除法指令，其运算功能比较强。算术运算指令执行的结果将影响进位标志(CY)、辅助进位标志(AC)及溢出标志(OV)。但是加 1 和减 1 指令将不影响这些标志。

(1) 加法指令(ADD、ADDC、DA)与多字节运算举例(含 BCD 码)

① 加法指令

汇编指令格式	操作
ADD A,Rn;	(A)←(A)+(Rn)
ADD A,direct;	(A)←(A)+(direct)
ADD A,@Ri;	(A)←(A)+((Ri))
ADD A,#data;	(A)←(A)+data

这组加法指令的功能是将工作寄存器的内容、内部 RAM 单元的内容或立即数和累加器 A 中的内容相加，其结果放在累加器 A 中。相加过程中，如果位 7(D7)有进位(即 C7 = 1)，则进位 CY 置"1"，否则清"0"；如果位 3(D3)有进位则辅助进位 AC 置"1"，否则清"0"；如果位 6 有进位输出(即 C6 = 1)而位 7 没有或者位 7 有进位输出而位 6 没有，则溢出标志 OV 置"1"，否则清"0"。源操作数有寄存器寻址、直接寻址、寄存器间接寻址和立即寻址等寻址方式。

例如：(A) = 65H,(20H) = 0AFH,执行指令 ADD A,20H

结果：(A) = 14H;CY = 1;AC = 1;OV = 0。

对于加法指令，溢出只能发生在两个加数符号相同的情况。在进行带符号数的加法运算时，溢出标志 OV 是一个重要的编程标志，利用它可以判断两个带符号数相加，和数是否溢出(即大于 127 或小于-128)。

② 带进位加法指令

汇编指令格式	操作
ADDC A,Rn;	(A)←(A)+(Rn)+CY
ADDC A,direct;	(A)←(A)+(direct)+CY
ADDC A,@Ri;	(A)←(A)+((Ri))+CY
ADDC A,#data;	(A)←(A)+data+CY

这组带进位加法指令的功能是把所指出的字节变量、进位标志与累加器 A 中的内容相加，结果放在累加器 A 中。如果位 7 有进位，则进位 CY 置"1"，否则清"0"。如果位 3 有进位则辅助进位 AC 置"1"，否则清"0"。如果位 6 有进位而位 7 没有或位 7 有进位而位 6 没有，则溢出标志 OV 置位，否则清"0"。源操作数的寻址方式和 ADD 指令相同。

例如：(A)=85H,(20H)=0A9H,CY=1,执行指令 ADDC A,20H

结果：(A)=2FH;CY=1;AC=0;OV=1

③ 进制调整指令

汇编指令格式	操作
DA A;	调整累加器 A 的内容为 BCD 码

这条指令跟在 ADD 或 ADDC 指令后，将存放在累加器 A 中的参与 BCD 码加法运算所获得的 8 位结果进行十进制调整，使累加器中的内容调整为二位 BCD 码数，完成十进制加法运算功能。

若(A)3~0>9 或 AC=1，则(A)+6→(A)。

同时，若(A)7~4>9 或 CY=1，则(A)+60H→(A)。

本指令是对累加器 A 中的 BCD 码加法结果进行调整。两个压缩型 BCD 码按二进制加法相加后，必须经本指令调整才能得到压缩型 BCD 码的和的正确值。

例如：(A)=56H,(30H)=67H,执行指令：

ADD A,30H

DA A

结果：(A)=23H,CY=1

【例 3.1】 双字节 BCD 码数加法运算

加数 1 和加数 2 分别放在内部 RAM 30H(高位)和 31H(低位),32H(高位)和 33H(低位)单元,和存放于 34H(高位)、35H(低位)和 36H(36H 用来存放最高位的进位)。

```
MOV  A,31H
ADD  A,33H
DA  A
MOV  35H,A
MOV  A,30H
ADDC  A,32H
DA  A
MOV  34H,A
CLR  A
ADDC  A,#00H
DA  A
MOV  36H,A
RET
```

（2）减法指令（SUBB）与多字节运算举例

汇编指令格式	操作
SUBB　A,Rn;	(A)←(A)-(Rn)-CY
SUBB　A,direct;	(A)←(A)-(direct)-CY
SUBB　A,@Ri;	(A)←(A)-((Ri))-CY
SUBB　A,#data;	(A)←(A)-data-CY

这组带进位减法指令的功能是从累加器 A 中减去指定的变量和进位标志，结果存放在累加器中。在进行减法操作过程中如果位 7 需借位，则 CY 置位，否则 CY 清"0"；如果位 3 需借位，则 AC 置位，否则 AC 清"0"；如果位 6 需借位而位 7 不需借位或者位 7 需借位而位 6 不需借位则溢出标志 OV 置位，否则溢出标志清"0"。在带符号数运算时，只有当符号不相同的两数相减时才会发生溢出。

注意：由于 8051 单片机指令系统中没有不带借位的减法指令，如需要，可以在执行"SUBB"指令之前用"CLR　C"指令将 CY 清 0。

例如：(A)=56H,(23H)=67H,CY=1 执行指令 SUBB　A,23H

结果：(A)=0EEH,CY=1,AC=1,OV=0

如果在进行单字节或多字节减法前不知道进位标志 CY 的值，则应在减法指令前先将 CY 清 0。

【例3.2】　双字节减法程序

被减数和减数分别放在内部 RAM 30H(高位)和 31H(低位),32H(高位)和 33H(低位)单元,差存放于 34H(高位)、35H(低位)和 36H(36H 用来存放最高位的借位)。

```
CLR    C
MOV    A,31H
SUBB   A,33H
MOV    35H,A
MOV    A,30H
SUBB   A,32H
MOV    34H,A
MOV    A,#00H
ADDC   A,#00H
MOV    36H,A
RET
```

（3）递增/减指令（INC、DEC）

① 增量指令

汇编指令格式	操作
INC　A;	(A)←(A)+1
INC　Rn;	(A)←(Rn)+1
INCdirect;	(direct)←(direct)+1
INC@Ri;	(Ri)←((Ri))+1
INC　DPTR;	(DPTR)←(DPTR)+1

这组增量指令的功能是把所指出的变量加 1，若原来为 0FFH 将溢出为 00H，不影响任

何标志。操作数有寄存器寻址、直接寻址和寄存器间接寻址方式。注意：当用指令 INC di-rect 修改端口 Pi(即指令中的 direct 为端口 P0~P3，地址分别为 80H、90H、0A0H、0B0H)时，该指令是一条具有读—修改—写功能的指令，其功能是修改输出口的内容。指令执行过程中，读入端口的内容来自端口的锁存器而不是端口的引脚。

例如：(A) = 0FFH,(R3) = 0FH,(30H) = 0F0H,(R0) = 40H,(40H) = 00H,执行指令

INC   A;   (A)←(A)+1
INC   R3;   (R3)←(R3)+1
INC   30H;   (30H)←(30H)+1
INC@ R0;   ((R0))←((R0))+1

结果：(A) = 00H,(R3) = 10H,(30H) = 0F1H,(40H) = 01H,不改变 PSW 状态。

② 减1指令

汇编指令格式	操作
DEC A;	(A)←(A)−1
DEC Rn;	(Rn)←(Rn)−1
DECdirect;	(direct)←(direct)−1
DEC @Ri;	((Ri))←((Ri))−1

这组指令的功能是将指令的变量减 1。若原来为 00H，减 1 后下溢为 0FFH，不影响标志位。

当指令 DEC   direct 中的直接地址 direct 为 P0~P3 端口(即 80H、90H、A0H、B0H)时，指令可用来修改一个输出口的内容，也是一条具有读—修改—写功能的指令。指令执行时，首先读入端口的原始数据，在 CPU 中执行减 1 操作，然后再送到端口。注意：此时读入的数据是来自端口的锁存器而不是从引脚读入。

例如：(A) = 0FH,(R7) = 19H,(30H) = 00H,(R1) = 40H,(40H) = 0FFH,执行指令

DEC   A;   (A)←(A)−1
DEC   R7;   (R7)←(R7)−1
DEC   30H;   (30H)←(30H)−1
DEC@R1;   ((R1))←((R1))−1

结果：(A) = 0EH;(R7) = 18H;(30H) = 0FFH;(40H) = 0FEH;不影响标志。

另外，虽然"INC   A"和"ADD   A，#01H"这两条指令都是将累加器 A 的内容加 1，但后者对进位标志产生影响。

例如：执行以下两条指令

MOV   A,#0FFH
ADD   A,#01H

则(A) = 00H,(CY) = 1,(AC) = 1,(OV) = 0

若将以上两条指令改为

MOV   A,#0FFH
INC   A

则(A) = 00H,不影响标志位 CY、AC、OV。

（4）乘法指令（MUL）与多字节运算举例

　　　　汇编指令格式　　　　　　　　　　操作

　　　　MUL　AB；　　　　　　　　　（B）（A）←（A）×（B）

这条指令的功能是把累加器 A 和寄存器 B 中的无符号 8 位整数相乘，其 16 位积的低位字节在累加器 A 中，高位字节在 B 中。如果积大于 255（0FFH），则溢出标志 OV 置位，否则 OV 清"0"。进位标志总是清"0"。

　　例如：（A）= 50H,（B）= 0A0H,执行指令 MUL　AB

　　结果：（B）= 32H,（A）= 00H（即积为 3200）CY = 0,OV = 1

（5）除法指令（DIV）

　　　　汇编指令格式　　　　　　　　　　　　操作

　　　　DIV　AB；　　　　　　　　　　（A）←（A）/（B）的商

　　　　　　　　　　　　　　　　　　　（B）←（A）/（B）的余数

这条指令的功能是把累加器 A 中的 8 位无符号整数除以寄存器 B 中的 8 位无符号整数，商存放在累加器 A 中，余数在寄存器 B 中。进位 CY 和溢出标志 OV 清"0"。如果原来 B 中的内容为 0（被零除），则结果 A 和 B 中内容不定，且溢出标志 OV 置位。在任何情况下，CY 都清"0"

　　例如：（A）= 0FBH,（B）= 12H,执行指令

　　DIV　AB

　　结果：（A）= 0DH,（B）= 11H,CY = 0,OV = 0。

3.2.3　逻辑运算指令

逻辑操作类指令包括与、或、异或、清除、求反、移位等操作。这类指令的操作数都是 8 位。共 25 条逻辑操作指令。

（1）累加器专用指令（CLR、CPL、RL、RR、RLC、RRC、SWAP）和多字节定点除法运算举例

① 累加器清零

　　　　汇编指令格式　　　　　　　　　　操作

　　　　CLR　A；　　　　　　　　　　（A）←0

清 0 累加器 A，不影响 CY、AC、OV 等标志。

② 累加器内容按位取反

　　　　汇编指令格式　　　　　　　　　　操作

　　　　CPL　A；　　　　　　　　　　（A）←（A）

对累加器 A 内容逐位取反，原来为 1 的位变 0，原来为 0 的位变 1。不影响标志位。

　　例如：（A）= 10101010B,执行指令 CPL　A

　　结果：（A）= 01010101B

③ 加器内容循环左移

　　　　汇编指令格式　　　　　　　　　　操作

　　　　RL　A；

44

这条指令的功能是把累加器 ACC 的内容左循环移 1 位，位 7 循环移入位 0。

④ 累加器带进位左循环移位指令

汇编指令格式　　　　　　　　　　　　　　操作

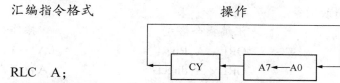

RLC　A；

这条指令的功能是将累加器 ACC 的内容和进位标志一起向左循环移 1 位，ACC 的位 7 移入进位标志 CY，CY 移入 ACC 的 0 位，不影响其他标志。

⑤ 累加器内容循环右移指令

汇编指令格式　　　　　　　　　　　　　　操作

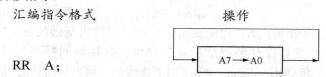

RR　A；

这条指令的功能是将累加器 ACC 的内容向右循环移 1 位，ACC 的位 0 循环移入 ACC 的位 7，不影响标志。

⑥ 累加器带进位右循环移位指令

汇编指令格式　　　　　　　　　　　　　　操作

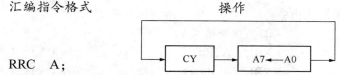

RRC　A；

这条指令的功能是将累加器 ACC 的内容和进位标志 CY 一起向右循环移一位，ACC 的位 0 移入 CY，CY 移入 ACC 的位 7。

⑦ 加器半字节交换指令

汇编指令格式　　　　　　　　　　　　操作

SWAP　A；　　　　　　　　　　$(A)0\sim3\leftrightarrow(A)4\sim7$

这条指令的功能是将累加器 ACC 的高半字节（ACC.7～ACC.4）和低半字节（ACC.3～ACC.0）互换。

例如：（A）= 0C5H，执行指令 SWAP　A

结果：（A）= 5CH

（2）（ANL）、或（ORL）、异或（XRL）

① 逻辑与指令

汇编指令格式　　　　　　　　　　操作

ANL　A,Rn；　　　　　　　　　　$(A)\leftarrow(A)\wedge(Rn)$

ANL　A,direct；　　　　　　　　$(A)\leftarrow(A)\wedge(direct)$

ANL　A,@Ri；　　　　　　　　　$(A)\leftarrow(A)\wedge((Ri))$

ANL　A,#data；　　　　　　　　$(A)\leftarrow(A)\wedge data$

ANL　direct,A；　　　　　　　　$(direct)\leftarrow(direct)\wedge(A)$

ANL　direct,#data；　　　　　　$(direct)\leftarrow(direct)\wedge data$

这组指令的功能是在指出的变量之间进行以位为基础的逻辑"与"操作，将结果存放在目的变量中。操作数有寄存器寻址、直接寻址、寄存器间接寻址和立即寻址等寻址方式。当指令 ANL　direct，A 和 ANL　direct，#data 用于修改一个输出口时，即直接地址 direct 为端口 P0～P3 时，作为原始端口数据的值将从输出口数据锁存器（P0～P3）读入，而不是读引脚状态。

45

例如：设（A）=07H,（R0）=0FDH,执行指令 ANL　A,R0

结果：（A）=05H

② 逻辑或指令

汇编指令格式	操作
ORL　A,Rn;	（A）←（A）∨（Rn）
ORL　A,direct;	（A）←（A）∨（direct）
ORL　A,@Ri;	（A）←（A）∨（(Ri)）
ORL　A,#data;	（A）←（A）∨ Data
ORL　direct,A;	（direct）←（direct）∨（A）
ORL　direct,#data;	（direct）←（direct）∨ data

这组指令的功能是在所指出的变量之间执行以位为基础的逻辑"或"操作,结果存到目的变量中去。操作数有寄存器寻址、直接寻址、寄存器间接寻址和立即寻址方式。当指令 ORL　direct,A 和 ORL　direct,#data 用于修改一个输出口时,即直接地址 direct 为端口 P0~P3 时,作为原始端口数据的值将从输出口数据锁存器（P0~P3）读入,而不是读引脚状态。

例如：设（P1）=05H,（A）=33H 执行指令 ORL　P1,A

结果：（P1）=37H

③ 逻辑异或指令

汇编指令格式	操作
XRL　A,Rn;	（A）←（A）⊕（Rn）
XRL　A,direct;	（A）←（A）⊕（direct）
XRL　A,@Ri;	（A）←（A）⊕（(Ri)）
XRL　A,#data;	（A）←（A）⊕ Data
XRL　direct,A;	（direct）←（direct）⊕（A）
XRL　direct,#data;	（direct）←（direct）⊕ data

这组指令的功能是在所指出的变量之间执行以位为基础的逻辑"异或"操作,结果存放到目的变量中去。操作数有寄存器寻址、直接寻址、寄存器间接寻址和立即寻址等寻址方式。当指令 XRL　direct,A 和 XRL　direct,#data 用于修改一个输出口时,即直接地址 direct 为端口 P0~P3 时,作为原始端口数据的值将从输出口数据锁存器（P0~P3）读入,而不是读引脚状态。

例如：设（P1）=05H,（A）=33H,执行指令 XRL　P1,A

结果：（P1）=36H

3.2.4　控制转移指令

8051 系列单片机有丰富的转移类指令（共 17 条）,包括无条件转移指令、条件转移指令、调用指令及返回指令等。所有这些指令的目的地址都是在 64KB 程序存储器地址空间。

（1）无条件转移指令（LJMP、AJMP、SJMP、JMP）

① 绝对转移指令

汇编指令格式	操作
AJMP　addr11;	（PC）+2→（PC）
addr11→PC10~0	
PC15~11 不变	

46

这是 2KB 范围内的无条件跳转指令，把程序的执行转移到 a10~a0 指定的地址。该指令在运行时先将 PC+2，然后通过把指令中的 a10~a0→（PC10~PC0）得到跳转目的地址（即把 PC15PC14PC13PC12PC11 a10a9a8a7a6a5a4a3a2a1a0 送入 PC）。因为指令只提供低 11 位地址，因此目标地址必须与 AJMP 后面一条指令的第一个字节在同一个 2KB 区域的存储器区内。指令的操作码与转移目标地址所在的页号有关。见表 3.2。

例如：KWR：AJMP addr11

如果设 addr11=00100000000B，标号 KWR 的地址为 1030，则执行该条指令后，程序将转移到 1100H。此时该指令的机器码为 21H，00H（a10a9a8=001，故指令第一个字节为 21H）。

表 3.2 AJMP、ACALL 指令操作码与页面的关系

子程序入口转移地址页面号																操作码	
																AJMP	ACALL
00 08 10 18 20 18 30 38 40 48 50 58 60 68 70 78 80 88 90 98 A0 A8 B0 B8 C0 C8 D0 D8 E0 E8 F0 F8																01	11
01 09 11 19 21 19 31 39 41 49 51 59 61 69 71 79 81 89 91 99 A1 A9 B1 B9 C1 C9 D1 D9 E1 E9 F1 F9																21	31
02 0A 12 1A 22 1A 32 3A 42 4A 52 5A 62 6A 72 7A 82 8A 92 9A A2 AA B2 BA C2 CA D2 DA E2 EA F2 FA																41	51
03 0B 13 1B 23 1B 33 3B 43 4B 53 5B 63 6B 73 7B 83 8B 93 9B A3 AB B3 BB C3 CB D3 DB E3 EB F3 FB																61	71
04 0C 14 1C 24 1C 34 3C 44 4C 54 5C 64 6C 74 7C 84 8C 94 9C A4 AC B4 BC C4 CC D4 DC E4 EC F4 FC																81	91
05 0D 15 1D 25 1D 35 3D 45 4D 55 5D 65 6D 75 7D 85 8D 95 9D A5 AD B5 BD C5 CD D5 DD E5 ED F5 FD																A1	B1
06 0E 16 1E 26 1E 36 3E 46 4E 56 5E 66 6E 76 7E 86 8E 96 9E A6 AE B6 BE C6 CE D6 DE E6 EE F6 FE																C1	D1
07 0F 17 1F 27 1F 37 3F 47 4F 57 5F 67 6F 77 7F 87 8F 97 9F A7 AF B7 BF C7 CF D7 DF E7 EF F7 FF																E1	F1

② 长跳转指令

汇编指令格式　　　　　　　　　　　　　　操作

LJMP addr16；　　　　　　　　　　　　addr16→（PC）

指令提供了 16 位目标地址，执行这条指令时把指令的第二和第三字节分别装入 PC 的高位和低位字节中，无条件地转向指定地址。转移的目标地址可以在 64KB 程序存储器地址空间的任何地方，不影响任何标志。

例如：执行指令 LJMP 3000H

不管这条长跳转指令存放在什么地方，执行时将使程序转移到 3000H。这和 AJMP 指令是有差别的。

③ 相对转移（短跳转）指令

汇编指令格式　　　　　　　　　　　　　　操作

SJMPrel；　　　　　　　　　　　　　　　（PC）+2→（PC）

（PC）+rel→（PC）

指令的操作数是相对地址，rel 是一个带符号的偏移字节数（2 的补码），因此，转向的目标地址可以在这条指令前 128 字节到后 127 字节之间。在用汇编语言编写程序时，rel 是目的地址的标号，由汇编程序在汇编过程中自动计算偏移地址，并填入指令代码中。

例如：KRD：SJMP　PKRD

如果 KRD 标号值为 0100H（即 SJMP 这条指令的机器码存放于 0100H 和 0101H 这两处单元中）；标号 PKRD 值为 0123H，即跳转的目标地址为 0123H，则指令的第二个字节（相对偏移量）应为：rel＝0123H－0102H＝21H

④ 散转指令

汇编指令格式	操作
JMP@A+DPTR；	（A）＋（DPTR）→（PC）

这条指令的转移地址由数据指针 DPTR 中的 16 位数据和累加器 A 中的 8 位无符号数相加形成，并将结果直接送入 PC，不改变累加器和数据指针内容，也不影响标志。利用这条指令可以实现程序的散转。

【例 3.3】　如果累加器 A 中存放待处理命令编号（0~7），程序存储器中存放着首址标号为 TAB 的转移指令表，则执行下面的程序，将根据 A 中命令编号转向相应的命令处理程序。

```
MOV    R1,A;
RL     A;
ADD    A,R1;         (A)×3
MOV    DPTR,#TAB;    转移表首址→DPTR
JMP    @A+DPTR;      跳转到((A)+(DPTR))间址单元
TAB：LJMP    PROG0;    转向命令 0 处理入口
     LJMP    PROG1;    转向命令 1 处理入口
     LJMP    PROG2;    转向命令 2 处理入口
     LJMP    PROG3;    转向命令 3 处理入口
     LJMP    PROG4;    转向命令 4 处理入口
     LJMP    PROG5;    转向命令 5 处理入口
     LJMP    PROG6;    转向命令 6 处理入口
     LJMP    PROG7;    转向命令 7 处理入口
```

（2）调用子程序指令（LCALL、ACALL、RET）

在程序设计中，常常把具有一定功能的公用程序段编制成子程序。当主程序转至子程序时用调用指令，而在子程序的最后安排一条返回指令，使执行完子程序后再返回主程序。为保证正确返回，每次调用子程序时自动将下条指令地址保存到堆栈，返回时按先进后出的原则再把地址弹出至 PC 中。

① 绝对调用指令

汇编指令格式	操作
ACALL　addr11；	（PC）＋2→（PC）
	（SP）＋1→（SP）
	（PC7~0）→（（SP））
	（SP）＋1→（SP）
	（PC15~8）→（（SP））
	Addr11→PC10~0
	PC15~11 不变

这条指令无条件地调用位于指令所指出地址的程序。指令执行时 PC 加 2，获得下条指令的地址，并把这 16 位地址压入堆栈，栈指针加 2。然后把指令中的 a10~a0 值送入 PC 中的 PC10~PC0 位，PC 的 P15~P11 不变，获得子程序的起始地址（地址的构成如下：PC15PC14PC13PC12PC11a10a9a8a7a6a5a4a3a2a1a0。

所用的子程序的起始地址必须与 ACALL 后面一条指令的第一个字节在同一个 2KB 区域的存储器区内。指令的操作码与被调用的子程序的起始地址的页号有关。见表 3.2。

例如：设（SP）= 60H，标号地址 HERE 为 1234H，子程序 SUB 的入口地址为 1345H，执行指令 HERE：ACALL SUB

结果：（SP）= 62H，堆栈区内（61H）= 36H，（62H）= 12H，（PC）= 1345H

指令的机器码为 71H，45H。

② 长调用指令

汇编指令格式	操作
LCALL addr16;	（PC）+3→（PC）
	（SP）+1→（SP）
	（PC7~0）→（（SP））
	（SP）+1→（SP）
	（PC15~8）→（（SP））
	addr16→（PC）

LCALL addr16 是一条 3 字节指令，它提供 16 位目标地址，以调用 64KB 范围内所指定的子程序。执行这条指令时先把 PC 内容加 3 以获得下一条指令的首地址，并将该地址作为返回地址压入堆栈（先压入低位地址 PC7~PC0，后压入高位地址 PC15~PC8），然后将指令中的 16 位目的地址 addr16 送入程序计数器 PC，从而使程序去执行被调用的子程序。指令执行后不影响任何标志。

例如：设（SP）= 2FH，标号 BEGIN 的地址为 1000H，标号 FUNC 的地址为 2300H，执行指令 BEGIN：LCALL FUNC

结果：（SP）= 31H，（30H）= 03H，（31H）= 10H，（PC）= 2300H

③ 返回指令

a. 子程序返回指令

汇编指令格式	操作
RET;	（（SP））→（PC15~8）
	（SP）-1→（SP）
	（（SP））→（PC7~0）
	（SP）-1→（SP）

RET 是子程序返回指令，RET 指令通常安排在子程序的末尾。当程序执行到本指令时表示子程序执行结束，使程序能从子程序返回到主程序，继续下面指令的执行。因此，它的主要功能是把栈顶相邻两个单元的内容（断点地址）弹出送到 PC，SP 的内容减去 2，程序返回到 PC 值所指的指令处执行。

例如：设（SP）= 62H，（62H）= 07H，（61H）= 30H，执行指令 RET

结果：（SP）= 60H，（PC）= 0730H，CPU 从 0730H 开始执行程序。

b. 中断返回指令

汇编指令格式	操作
RETI;	$((SP))\rightarrow(PC15\sim8)$
	$(SP)-1\rightarrow(SP)$
	$((SP))\rightarrow(PC7\sim0)$
	$(SP)-1\rightarrow(SP)$

这条指令的功能与 RET 指令相类似,但不能用 RET 指令来替代。通常安排在中断服务程序的最后。它的应用在中断节中讨论。

(3) 条件转移指令

条件转移指令是根据某种特定条件发生转移的指令。条件满足时转移(相当于一条相对转移指令),条件不满足时则顺序执行下面的指令。目的地址在下一条指令的起始地址为中心的 256 个字节范围中($-128B\sim127B$)。当条件满足时,先把 PC 加到指向下一条指令的第一个字节地址,再把相对目的地址的偏移量加到 PC 上,计算出转向地址。

① 判零转移指令

汇编指令格式	操作
JZ rel;	$(PC)+2\rightarrow(PC)$
	若$(A)=0$,则$(PC)=(PC)+rel$;
若$(A)\neq0$,则顺序执行程序。	
JNZ rel;	$(PC)+2\rightarrow(PC)$
	若$(A)\neq0$,则$(PC)=(PC)+rel$;
若$(A)=0$,则顺序执行程序。	

上述两条指令的功能是:

JZ rel; 如果累加器 ACC 的内容为零,则执行转移。

JNZ rel; 如果累加器 ACC 的内容不为零,则执行转移。

② 比较不相等转移指令

汇编指令格式	操作
CJNE A,direct,rel;	$(PC)+3\rightarrow(PC)$
	若$(A)>(direct)$,则$(PC)+rel\rightarrow(PC)$,
	且$0\rightarrow CY$;
	若$(A)<(direct)$,则$(PC)+rel\rightarrow(PC)$,
	且$1\rightarrow CY$;
	若$(A)=(direct)$,则程序顺序执行,
	且$0\rightarrow CY$。
CJNE A,#data,rel;	$(PC)+3\rightarrow PC$
	若$(A)>data$,则$(PC)+rel\rightarrow(PC)$,
	且$0\rightarrow CY$;
	若$(A)<data$,则$(PC)+rel\rightarrow(PC)$,
	且$1\rightarrow CY$;
	若$(A)=data$,则程序顺序执行,
	且$0\rightarrow CY$。
CJNERn,#data,rel;	$(PC)+3\rightarrow(PC)$

若(Rn)>data,则(PC)+rel→(PC),
且 0→CY;

若(Rn)<data,则(PC)+rel→(PC),
且 1→CY;

若(Rn)= data,则程序顺序执行,
且 0→CY。

CJNE@Ri,#data,rel;　　　　　(PC)+3→(PC)

若((Ri))>data,则(PC)+rel→(PC),
且 0→CY;

若((Ri))<data,则(PC)+rel→(PC),
且 1→CY;

若((Ri))= data,则程序顺序执行,
且 0→CY。

这组指令的功能是比较前面两个操作数的大小。如果它们的值不相等则转移。在 PC 加到下一条指令的起始地址后,通过把指令最后一个字节的有符号的相对偏移量加到 PC 上,并计算出转向地址。如果第一个操作数(无符号整数)小于第二个操作数(无符号整数)则进位标志 CY 置位,否则 CY 清"0"。不影响任何一个操作数的内容。

【例3.4】 根据 A 的内容大于80H,等于80H,小于80H 三种情况作不同的处理程序

CJNE A,#80H,NEQ;　　　(A)不等于80H 转移
EQ:…;　　　　　　　　　(A)等于80H 处理程序
NEQ:JC LOW;　　　　　　(A)<80H 转移
;　　　　　　　　　　　　(A)>80H 处理程序
LOW:…;　　　　　　　　(A)<80H 处理程序

③ 减1不为0转移指令

　　汇编指令格式　　　　　　　　　　　操作
　　DJNZ Rn,rel;　　　　　　(PC)+2→(PC),(Rn)-1→(Rn)
　　　　　　　　　　　　　　若(Rn)≠0,则(PC)←(PC)+rel;
　　　　　　　　　　　　　　若(Rn)=0,则结束循环,程序向下执行。

　　DJNZ direct,rel;　　　　　(PC)+2→(PC),(direct)-1→(direct)
　　　　　　　　　　　　　　若(direct)≠0,则(PC)←(PC)+rel;
　　　　　　　　　　　　　　若(direct)=0,则结束循环,程序向下执行。

这组指令把源操作数减1,结果回送到源操作数中去,如果结果不为0则转移。源操作数有寄存器寻址、直接寻址方式。通常程序员把内部 RAM 单元用作程序循环计数器。

【例3.5】 延时程序
SETB P1. 1;P1. 1←1
DL: MOV 30H,#03H;(30H)←03H(置初值)
DL0: MOV 31H,#0F0H;(31H)←0F0H(置初值)
DL1: DJNZ 31H,DL1;(31H)←(31H)-1,(31H)不为0重复执行
DJNZ 30H,DL0;(30H)←(30H)-1,(30H)不为0转 DL0
CPL P1. 1;P1. 1 求反
SJMP DL;转 DL

这段程序的功能是通过延时，在 P1.1 输出一个方波，可以用改变 30H 和 31H 的初值，来改变延时时间实现改变方波的频率。

④ 空操作指令

汇编指令格式	操作
NOP;	$(PC)+1\rightarrow(PC)$,

空操作也是一条单字节指令，它没有使程序转移的功能。通常，NOP 指令常用来产生一个机器周期的延时。

3.2.5　位处理指令

8051 单片机内部有一个布尔处理机，它具有一套处理位变量的指令集，包括位变量传送、逻辑运算、控制程序转移等指令。在进行位操作时，进位标志 CY 作为位累加器。位地址是片内 RAM 字节地址 20H~2FH 单元中连续的 128 个位(位地址 00H~7FH)和部分特殊功能寄存器。

(1) 数据位传送指令

汇编指令格式	操作
MOV　C,bit;	$(bit)\rightarrow(C)$
MOV　bit,C;	$(C)\rightarrow(bit)$

这组指令的功能是把由源操作数指出的布尔变量送到目的操作数指定的位中去。其中一个操作数必须为进位标志，另一个可以是任何直接寻址位，不影响其他寄存器和标志。

例如：MOV　C,06H;　　　　CY←(20H).6
MOV　P1.0, C;　　　　P1.0←CY

(2) 位变量修改指令

汇编指令格式	操作
CLR　C;	$0\rightarrow(C)$
CLRbit;	$0\rightarrow(bit)$
SETB　C;	$1\rightarrow(C)$
SETBbit;	$1\rightarrow(bit)$
CPL　C;	$\overline{(C)}\rightarrow(C)$
CPLbit;	$\overline{(bit)}\rightarrow(bit)$

这组指令将操作数指出的位清"0"、取反、置"1"，不影响其他标志。

例如：CLR　C;　　　　CY←0
CLR　27H;　　　　(24H).7←0
CPL　08H;　　　　(21H).0←$\overline{(21H).0}$
SETB　P1.7;　　　　P1.7←1

(3) 位变量逻辑运算指令

① 位变量逻辑与运算指令

汇编指令格式	操作
ANL　C,bit;	$(C)\wedge(bit)\rightarrow(C)$
ANL　C,/bit;	$(C)\wedge\overline{(bit)}\rightarrow(C)$

这组指令功能是，把位累加器 C 的内容与直接位地址的内容进行逻辑"与"操作，结果再送回 C 中。直接寻址位前的斜线"/"表示对该位取反后再参与运算，但不改变直接寻址位原来的内容，不影响别的标志。

例如：设 P1 这输入口，P3.0 作输出线，执行下列指令

MOV　C,P1.0;(CY)←(P1.0)

ANL　C,P1.1;(CY)←(CY)∧(P1.1)

ANL　C,/P1.2;(CY)←(CY)∧(P1.2)

MOV　P3.0,C;P3.0←CY

结果：P3.0=(P1.0)∧(P1.1)∧(P1.2)

② 位变量逻辑或指令

汇编指令格式	操作
ORL　C,bit;	(C)∨(bit)→(C)
ORL　C,/bit;	(C)∨(bit)→(C)

这组指令功能是，把位累加器 C 的内容与直接位地址的内容进行逻辑"或"操作，结果再送回 C 中。直接寻址位前的斜线"/"表示对该位取反后再参与运算，但不改变直接寻址位原来的内容，不影响别的标志。

例如：P1 口为输出口，执行下列指令

MOV　C,00H;(CY)←(20H).0

ORL　C,01H;(CY)←(CY)∨(20H).1

ORL　C,02H;(CY)←(CY)∨(20H).2

ORL　C,03H;(CY)←(CY)∨(20H).3

ORL　C,04H;(CY)←(CY)∨(20H).4

ORL　C,05H;(CY)←(CY)∨(20H).5

ORL　C,06H;(CY)←(CY)∨(20H).6

ORL　C,07H;(CY)←(CY)∨(20H).7

MOV　P1.0,C;P1.0←(CY)

结果：内部 RAM 的 20 单元中只要有一位为 1，则 P1.0 输出就为 1。

(4) 位变量条件转移指令

汇编指令格式	操作
JC　rel;	(PC)+2→(PC) 若(C)=1,则(PC)←(PC)+rel; 若(C)=0,则顺序执行程序。
JNC　rel;	(PC)+2→(PC) 若(C)=0,则(PC)←(PC)+rel; 若(C)=1,则顺序执行程序。
JB　bit,rel;	(PC)+3→(PC) 若(bit)=1,则(PC)←(PC)+rel; 若(bit)=0,则顺序执行程序。

JNB bit,rel;	(PC)+3→(PC)
	若(bit)=0,则(PC)←(PC)+rel;
	若(bit)=1,则顺序执行程序。
JBC bit,rel;	(PC)+3→(PC)
	若(bit)=1,则(PC)←(PC)+rel,
	0→(bit);
	若(bit)=0,则顺序执行程序。

这一组指令的功能如下。

JC：如果进位标志 CY 为 1，则执行转移。

JNC：如果进位标志 CY 为 0，则执行转移。

JB：如果直接寻址位的值为 1，则执行转移。

JNB：如果直接寻址位的值为 0，则执行转移。

JBC：如果直接寻址位的值为 1，则执行转移，然后将直接寻址的位清"0"。

3.2.6 伪指令

（1）设置起始地址 ORG

用于规定目标程序段或数据块的起始地址，设置在程序开始处。

【格式】ORG nn；nn 是 16 位二进制数；nn 给出了存放的超始地址值。

给程序起始地址或数据块的起始地址赋值。它总是出现在每段源程序或数据块的开始。在一个源程序中可以多次使用 ORG 命令，以规定不同程序段或数据块的起始位置，所规定的地址从小到大，不允许重叠。

（2）定义字节命令 DB

告诉汇编程序从指定的地址单元开始，定义若干字节存储单元并赋初值。

【格式】标号：DB<字节常数或字符>

例如：ORG 1000H

TABLE1：DB 00,01,04,09,10H,19H

汇编后则

（1000H）=00H

（1001H）=01H

（1002H）=04H

（1003）=09H

（1004）=10H

（1005）=19H

（3）定义字命令 DW

从指定地址开始，定义若干个 16 个位数据，高 8 位存入低地址；低 8 位存入高地址。

例如： ORG 1000H

PIOI：DW7654H,40H、12、'AB'

例如： ORG 2000H

ABC：DB1234H,2468H,1357H,

汇编后则

（2000H）＝12H

（2001H）＝34H

（2002H）＝24H

（2003H）＝68H

（2004H）＝13H

（2005H）＝57H

（4）赋值命令 EQU

告诉汇编程序，将汇编语句操作数的值赋予本语句的标号。

【格式】标号名称 EQU 数值或汇编符号

"标号名称"在源程序中可以作数值使用，也可以作数据地址、位地址使用。先定义后使用，放在程序开头。

【格式】标号：EQU nn 或汇编符号

例如：BLCKEQU#1000H

TEST   EQU   28H（直接地址单元）

TEST1EQU#28H（立即数）

NMB   EQU#10

MOV   A,TEST（＝direct）执行后,A＝(28H)

若 28H 中存放着 56H,则 A＝56H

MOVA,TEST1（＝#data）A＝28H

MOVR2,NMB（R2）＝10

MOV   DPTR,BLOCK

（5）源程序结束 END

告诉汇编程序，对源程序的汇编到此结束。一个程序中只出现一次，在末尾。

【格式】标号：END

（6）数据地址赋值伪指令 DATA

将表达式指定的数据地址赋予规定的字符名称。

【格式】字符名称 DATA 表达式

注：该指令与 EQU 指令相似，只是，可先使用后定义，放于程序开头、结尾均可。

思考题

1. 什么是指令系统？8051 单片机共有多少指令？

2. 简述 8051 的寻址方式和每种寻址方式所涉及的寻址空间。

3. 访问特殊功能寄存器和外部数据存储器，分别可以采用那些寻址方式？

4. 指出下列指令中画线的寻址方式？

MOV   R0, #50H

MOVA, @R0

SWAP   A

MOV   30H, A

```
MOV   31H, #30H
MOV   50H, 30H
```

5. 加法和减法指令影响哪些标志位？怎么影响？

6. 试分析执行下列指令后，标志位的内容。

（1）已知(A) = C3H，ADD   A, #0AAH

（2）已知(A) = C9H，SUBB   A, #55H

7. 编写一段程序，将累加器 A 的高 4 位由 P1 口的高 4 位输出，P1 口低 4 位保持不变。

8. 编写一段程序，将累加器 A 中压缩 BCD 码分开后分别送入 30H 和 31H 的低位。

9. 试根据以下要求写出相应的汇编语言指令。

将 R6 的高四位和 R7 的高四位交换，R6、R7 的低四位内容保持不变。

两个无符号数分别存放在 30H、31H，试求出他们的和并将结果存放在 32H。

两个无符号数分别存放在 40H、41H，试求出他们的差并将结果存放在 42H。

将 30H 单元的内容左环移两位，并送外部 RAM3000H 单元。

将程序存储器中 5000H 单元的内容取出送外部 RAM3000H 单元。

10. 试编写程序统计在内部 RAM 的 20H~60H 单元中出现 55H 的次数，并将结果统计结果送 61H 单元。

11. 编写一段程序，将 R3R2 中的 4 位 BCD 码倒序排列。

12. 试指出下列程序段的错误并改正。

```
ERROR:        MOV   2FH, #3FH
              MOV   R7, #20H
              MOV   R0, #20H
              MOV   A, #00H
LOOP0:        MOV   @R0, A
              INC   R0
              DJNZ  R7, LOOP0
              ;
              MOV   DPTR, #307FH
              MOV   R7, #80H
LOOP1:        MOVX  @DPTR, A
              DEC   DPTR
              DJNZ  R7, LOOP
              …
DELAY:        MOV   R6, #10H
LOOP2         MOV   R5, R6
LOOP3:        NOP
              NOP
              DJNZ  R5, LOOP3
              DJNZ  R6, LOOP2
              RET
              …
```

4 单片机的中断和定时/计数器

通过学习单片机的结构原理和指令，可以使用单片机进行一些简单的操作，比如数据的输入输出等，但是要提高单片机的效率，往往需要使用中断技术。中断技术是计算机的一项重要技术，提高了计算机工作的效率。对于那些信号变化是随机的，而且要求快速响应和处理的，实时要求高的应用场合，中断更是一种不可缺少的功能。对于8051单片机来讲，中断也是不可缺少的部分。在有实时性要求的应用场合，定时/计数器也往往是必须使用的功能部件，而定时/计数器的使用通常会用到中断。因此本章详细介绍8051单片机的中断以及定时/计数器等。

4.1 中断的概念

举一个生活中的事例：假设某人正在写工作计划，把中断请求比作来电话振铃。写工作计划是他当前的主要工作，可比作执行主程序。在他写作过程中突然电话铃响起，这可看做是一种中断请求。他应该停止写作（当然一般应该写完一个字而不是半个字），起身去接听电话。当通话完毕后，再从刚才停顿的地方继续写下去。写作—听电话—继续写作，这就是一个完整的中断响应和返回过程。设想如果电话没有振铃功能，那么为了不错过电话，他必须写一会儿，听一下有无来电；不断重复这个过程，会浪费大量时间。

在计算机系统中，当CPU正在处理例行程序时（一般是在执行主程序或其调用的子程序），外部设备发生操作请求，比如定时时间到、按键操作、A/D转换完成、收到串行通讯数据字节等，这些都要求CPU立即处理。在具有中断功能的情况下，CPU暂时停止当前的程序运行，转去处理所发生的事件。事件处理完毕后，再回到原来被打断的地方继续执行原来的工作。实现这种功能的硬件结构称作中断系统，产生中断的请求来源叫做中断源。中断源向CPU提出的服务请求称为中断请求。CPU暂时停止自身工作转去处理突发事件的过程称为中断响应。从中断服务过程转回到被打断的地方称为中断返回。单片机的中断管理机制与一般的计算机系统相同。

中断方式解决了因查询等待而大量浪费CPU时间的问题，能够使多个外设"同时地"运行。比如可以看到在CPU正常运行主程序的同时，打印机在工作，A/D转换在高速运行，键盘操作能随时得到响应，串行通讯能正常实现等。这是因为中断请求和响应只占用CPU很短的时间，比如打印机打印一行字符需要若干秒，而CPU给打印机送出对应的数据只需要若干微秒。宏观观察，似乎计算机系统的多个外设都在同时运行。如果没有中断机制而仅采用查询方法，这是不可想象的。外部设备提出中断请求的时刻是不可预知的，可能发生在主程序的任何地方。为了能在执行中断服务程序后正确地返回断点，系统必须在响应中断请求时把下一条要执行的指令的地址保存到堆栈中。并且，为了在中断服务程序中也能使用某些存储器资源而又不破坏它们原有的数值，还要人为地把要使用的资源推入堆栈中保存起来，这称为现场保护。通常需要保护的存储器有：A 累加器，B 寄存器，程序状态字 PSW，数据地址指针 DPTR，工作寄存器组等。当中断服务程序结束返回时，要先人为地按照压栈时相反的次序恢复那些保护内容，这称为现场恢复。最后当执行中断返回指令时，系统会自动将断点地址弹出到程序计数器 PC，以便继续执行当时被打断的任务。

当 CPU 以中断方式管理外设时，CPU 主程序中不涉及对这个外设的操作。表面上看起来，CPU 似乎不理睬或不知道这个外设的存在。而一旦这个外设需要服务，它会发出一个请求，叫做中断请求。在适当条件下 CPU 会立即接受这个请求并暂停正在执行的程序，转去执行一段事先编好的程序，称为中断服务子程序。中断服务完毕后再返回断点处继续运行。向 CPU 提出中断请的来源称为中断源，中断源越多，CPU 功能越强大。

本章内容以 8051 单片机为代表介绍单片机的中断和定时/计数器。8051 单片机有 5 个中断源，其中 2 个外部中断，2 个内部定时器/计数器中断，1 个串行通讯中断，并可分别设置成高级中断或低级中断。

8051 单片机中，对中断的管理依靠下述的专用寄存器。

IE：中断屏蔽寄存器，5 个中断源可统一地或分别地允许或禁止；

IP：中断优先级寄存器，可以用软件指定某些中断源为高级中断；

SCON：其中有 2 位是串行发送和接收中断请求位；

TCON：其中 6 位与中断有关。

4.2 8051 单片机系统中断结构和中断控制

4.2.1 中断源

8051 单片机的硬件设计包含了完整的中断管理系统，这包括 5 个中断源，2 个优先级，系统和各中断源的允许控制，以及相关的专用寄存器等。8051 单片机的中断结构如图 4.1 所示。图中从左到右分别表示了引起中断的请求源、中断请求标志位、总允许控制、源允许控制、优先级结构和软件查询序列。

中断是计算机的一个重要特征，它能实现以下功能：

分时操作，计算机的中断系统可以使 CPU 与外设同时工作。CPU 在启动外设后，就继续执行主程序；而外部设备启动后，开始进行准备工作。当外设准备就绪时就向 CPU 发出中断请求。在合适的条件下 CPU 响应该中断请求并为其服务，中断服务程序结束后返回到刚才的断点处继续执行主程序。外设在得到服务后也继续进行自己的工作任务。因此，CPU 可以使多个外设同时运行，并分时为它们提供服务，因此大大地提高了 CPU 的工作效率和系统运行速度。

实时处理，当计算机用于实时控制时，中断请求是随机发生的。CPU 可利用中断系统作出快速响应，保证系统的实时性。

故障处理，计算机在运行期间有时会出现一些故障，如电源故障、存储器校验错误、运算溢出、陷入死循环等。有了中断机制，当出现这类情况时，可以引发中断促使 CPU 转去执行故障处理程序，无须干预，自行脱离故障状态。

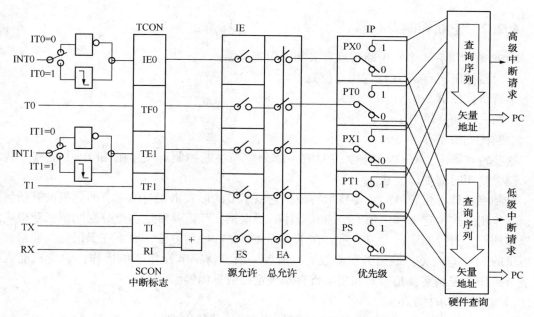

图 4.1　中断系统结构

一般在下列情况下可考虑以中断方式管理外设：

① 较慢的外设。如键盘、打印机、双积分型 A/D 转换器等，一般使用外部中断。

② 定时器中断。如实时时钟、特定的定时时间等，比如年月日时分秒，定时 10ms 等。在定时时间内，CPU 不必查询等待，而能够继续执行主程序，10ms 时间里大约能执行几千条指令。而当定时时间到后，由于有中断请求，CPU 能够立刻响应，执行预定的工作任务。

③ 串行通讯场合。在单片机系统具有串行通讯接口的情况下，为了能及时准确地收到通讯对方发来的信息，必须设置串行接收服务子程序，并设置为高优先级。至于发送子程序，由于是主程序控制的，对要发送的若干字节数据，既可以采用查询等待方式一次性发送全部数据，也可以采用在中断程序中发送后续字节的方法（每次只发送 1 字节），详见后述。

④ 硬件故障。例如电源断电就要求把正在执行的工作的一些重要信息（如程序计数器和各专用寄存器的内容，以及内部 RAM 中一些关键数据）保存起来，以便重新上电后能从断点处接续原状态继续运行。

通常把 INT0 和 INT1 两个中断源称为外部中断，定时器/计数器溢出中断源和串口中断源称为内部中断，每个中断源都对应一个中断请求标志位。但串行口中断是一个中断源对应两个标志位，这些标志位分别存在于专用寄存器 TCON 和 SCON 中。当发生中断请求时，对应的标志位置位，并锁存在相应的专用寄存器位地址中。当中断源被允许时，能够自动触发CPU 产生中断请求；当不允许中断时，这些标志位也可以供软件查询。

8051 单片机的 5 个中断源分别是：INT0、INT1、T0、T1、TXD/RXD。

INT0：外部中断 0 请求，外部引脚 P3.2 的负跳变或低电平触发；

T0：定时器/计数器 0 溢出中断请求；

INT1：外部中断 1 请求，外部引脚 P3.3 的负跳变或低电平触发；

T1：定时器/计数器 1 溢出中断请求；

TXD/RXD：串行口中断请求，当串行口完成一帧数据的发送或接收时触发。

4.2.2 中断控制寄存器

8051 单片机有 4 个与中断管理有关的专用寄存器：

定时器控制寄存器 TCON(用 6 位)；

串行口控制器 SCON(用 2 位)；

中断允许寄存器 IE；

中断优先级寄存器 IP。

这些寄存器中，TCON 和 SCON 只有一部分位与中断控制有关，IE 和 IP 中也有一些未定义位，使用时应加以注意。

控制字是计算机领域的重要技术特征，它以字节的形式出现，但字节的数值没有任何意义，其作用是按位定义和体现的。编写程序时要根据实际需要对这些位分别赋值，获得确定的操作功能。对控制字的学习，重点在于掌握其意义和使用方法，而不在于记忆。通常，单片机里的 SFR 有两类：控制类和常数类，前者一般支持字节操作和位操作，后者只能也只需字节操作。控制字就是指对控制类寄存器规定的数据内容。

(1) 中断请求标志位

TCON 是定时器/计数器 T0 和 T1 的控制寄存器，同时也锁存 T0 和 T1 的溢出中断标志以及外部中断 0 和 1 的中断标志。TCON 的位定义如图 4.2 所示。

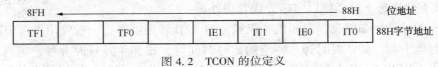

图 4.2　TCON 的位定义

各控制位的意义如下。

TF1：定时器/计数器 T1 的溢出中断请求标志位。当启动 T1 运行后，T1 常数寄存器从初始值开始加 1 计数。当计数器加满溢出时，由硬件自动使 TF1 置位，并向 CPU 发出中断请求。CPU 响应中断后，硬件会自动清除 TF1 标志，使之清 0。

TF0：定时器/计数器 T0 的溢出中断标志位，意义同 TF1。

IE1：外部中断 1 的中断请求标志位。当检测到外部中断引脚上存在有效的中断请求信号时(低电平或负跳变)，由硬件自动使 IE1 置位并向 CPU 请求中断。当 CPU 响应该中断请求后，由硬件自动清除 IE1 标志，使之清 0。

IT1：外部中断 1 的中断触发方式控制位。

IT1 = 0 时，外部中断 1 程控为电平触发方式。CPU 在每个机器周期的 S5P2 期间采样外部中断 1 外部引脚的输入电平。若该引脚为低电平则使 IE1 置位，若为高电平则该位清 0。

IT1 = 1 时，外部中断 1 程控为边沿触发方式。CPU 在每个机器周期的 S5P2 期间采样外部中断引脚的输入电平。若在相邻的两个机器周期采样过程中，一个机器周期采样到高电平，接着的下一个机器周期采样到低电平，则可确认一次负跳变，硬件自动使 IE1 置位。直到 CPU 响应中断时，才由硬件自动使 IE1 清除为 0。设计者可自行决定采用何种触发方式。不过，一般来说要考虑到引起外部中断的外设产生触发信号的类型。比如打印机发出的中断请求往往是电平信号，当它不忙时总是处于低电平，可设置为电平触发；而键盘操作一般只有短时间的低电平，则可设置为边沿触发。

IE0：外部中断 0 的中断请求标志位，意义同 IE1。

IT0：外部中断 0 的中断触发方式控制位，意义同 IT1。

TCON 的说明：两个空白格是定时器/计数器运行控制位；

这些位通常由系统使用，用户无须处理。但有时也可以作为软件查询标志。比如启动定时器后，不允许中断，可以用程序指令来判断定时器溢出标志何时从 0 变为 1。推荐记忆法则：

TF = Timer overFlow　　　　　定时器溢出

IE = Interrupt External　　　　外部中断

IT = Interrupt Type　　　　　外部中断信号类型

（2）SCON 中的串行通讯中断标志

SCON 是串行口控制寄存器，它的低 2 位锁存串行口的接收中断标志 RI 和发送中断标志 TI，两个标志的位置如图 4.3 所示。

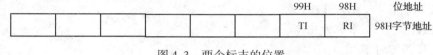

图 4.3　两个标志的位置

TI：串行口发送中断请求标志。CPU 把一个字节的数据写入到发送缓冲器 SBUF 就启动发动过程。每当发送完一帧数据后，硬件就自动使 TI 置位。但 CPU 响应中断时并不自动清除 TI，必须用指令进行清除。

RI：串行口接收中断标志。在串行口允许接收时，每接收到一个串行帧，硬件会自动使 RI 标志置位。CPU 响应中断时也不会自动清除 RI 标志，也必须用指令清除。

要特别注意 TI 和 RI 必须用指令清除的特点。如果因为疏忽而在编程中没有进行标志清除，就会发生误触发中断的情况。

（3）中断请求允许控制

8051 单片机使用中断允许寄存器 IE 实现对中断源的开放或屏蔽。寄存器 IE 的位定义如图 4.4 所示。

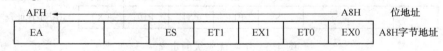

图 4.4　寄存器 IE 的位定义

8051 单片机对中断源的控制分为总允许和源允许两个级别。参照 IE 寄存器的定义，总允许 EA 位相当于一个总开关，它的主要用途是快速地完全关闭所有中断源。在单片机应用程序中经常有临时关闭全部中断源的需求，如果此时有若干中断源是允许的，则利用总允许位实现全体中断源的关闭比逐个关闭各中断源简捷得多。而一个中断源的允许却要求两个条件同时成立，既要求系统是开放中断的（总允许），又要求源也是允许的。在中断允许控制字中，最高位为总允许控制位，2 个空格为无定义，后 5 位对应 5 个中断源的控制状态，为 1 表示允许。

EA：总允许位。EA = 1，系统开中断，各中断请求是否允许由各中断源控制位的状态决定。EA = 0，系统关中断，任何中断请求都不会被响应。

ES：串行口中断允许位。ESA = 0 禁止串行口中断；ES = 1 允许串行口中断。

ET1：定时器/计数器 1 溢出中断允许位。ET1 = 0 禁止 T1 中断；ET1 = 1 允许 T1 中断。

61

EX1：外部中断 1 中断允许位。EX1 = 0 禁止外部中断 1 中断；EX1 = 1 允许外部中断 1 中断。

ET0：定时器/计数器 0 溢出中断允许位。ET0 = 0 禁止 T0 中断；ET0 = 1 允许 T0 中断。

EX0：外部中断 0 中断允许位。EX0 = 0 禁止外部中断 0 中断；EX0 = 1 允许外部中断 0 中断。

【例 4.1】 设系统要求允许外部中断 0 和定时器/计数器 1 中断，禁止其他中断，试编程实现。

解：方法 1，使用字节操作指令

MOV IE,#10001001B　或　MOV IE,#89H

方法 2，使用位操作指令

SETB EX0；　　　　允许外部中断 0 中断

SETB ET1；　　　　允许 T1 中断

SETB EA；　　　　系统开中断

方法 3，使用 C51 语言

IE = 89H；

比较上述各方法，可知字节操作很快捷，但可读性较差，不容易从 89H 的表面情况看出操作意义；位操作较繁琐，但操作目的明确，可读性好；C51 语言书写方便，更符合思维习惯。

（4）中断优先级控制

8051 单片机的中断系统有两个优先级，每个中断源都可以用软件编程指定为高优先级中断或者低优先级中断。中断系统有两个不可寻址的"优先级生效"触发器，一个指出 CPU 是否正在执行高优先级的中断服务程序，另一个指出 CPU 是否正在执行低优先级中断服务程序。这两个触发器为 1 时，则分别屏蔽所有同级或低级中断请求。另外，8051 单片机的专用寄存器中有一个优先级控制器 IP，用来管理对中断优先级的定义，如图 4.5 所示。

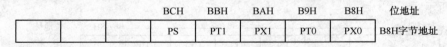

			PS	PT1	PX1	PT0	PX0	B8H字节地址

位地址：BCH　BBH　BAH　B9H　B8H

图 4.5　中断优先级的定义

IP 寄存器的高 3 位无定义，低 5 位分别对应各中断源的优先级控制位，置 1 有效。各位的意义如下。

PS：串行口中断优先级控制位。

PT1：定时器/计数器 T1 中断优先级控制位。

PX1：外部中断 1 中断优先级控制位。

PT0：定时器/计数器 T0 中断优先级控制位。

PX0：外部中断 0 中断优先级控制位。

单片机复位后，IP 为 0，所有中断源均为低优先级。若要使某个或某几个中断源为高优先级，可以使相应的控制位置位。设置优先级的操作可以在系统初始化时，也可以在任何需要时进行，并可根据需要随时变更。由于同级中断源不能互相打断，而高级中断能打断低级中断（称为中断嵌套），因此把所有中断源都定义为高优先级没有任何意义。通常系统中只指定一个最紧急的中断源为高优先级，比如很多情况下把系统的串行接收中断定义为最高优先级。另外，为避免其他中断请求长时间被阻断，应使中断服务程序尽可能简短，以不超过毫秒数量级为宜。当多个同级中断请求同时发生时，由内部硬件查询序列决定响应顺序。表4.1给出了同优先级情况下的中断响应查询顺序。

表 4.1　中断优先级查询顺序

符　号	中断名称	查询级别	应用举例
INT0	外部中断 0		掉电/键盘/打印机
T0	定时计数器 0		系统定时/对外部脉冲计数
INT1	外部中断 1		同 INT0
TI	定时计数器 1		同 T0
TI/RI	串口中断		串行通信

采用中断优先级控制可实现下述功能：

① 同级中断按内部查询次序排队

有时系统中会出现 2 个以上中断源同时发生中断请求的情况。表 4.1 所示的查询次序是系统硬件事先规定好的，如果希望排在后面的中断源能不受阻碍地得到响应，就可以把该中断源设置为高优先级。否则，系统会按照查询次序逐个地响应各中断请求。通常，受阻断的中断请求会被挂起，表示该中断请求暂时不能被接受，但请求标志保持有效。当条件允许时，这个中断请求仍可被 CPU 接受，但可能会滞后一段时间。

② 利用高级中断实现中断嵌套

当 CPU 正在处理一个低级中断请求时，可能出现另一个高级中断请求。这时 CPU 会暂时停止正在执行的低级中断服务程序，保护当前断点，转去响应和执行高级中断请求。高级中断请求服务程序执行完毕后，再继续执行刚才被打断的低级中断服务程序。这种情况称为中断嵌套，其过程如图 4.6 所示。

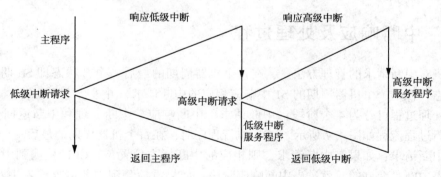

图 4.6　中断嵌套过程示意

应该注意，在系统中同时存在低级中断请求和高级中断请求的情况下，应该为各级别的中断服务程序分别设置一个工作寄存器区。习惯上，主程序使用工作寄存器 0 区，低级中断服务程序使用 1 区，高级中断服务程序使用 2 区。还要指出，主程序、低级中断子程序和高级中断子程序都可以调用各自的子程序，但必须分别对应自己的工作寄存器区。另外，由于每级中断都要保护 2 字节返回地址并入栈保护若干资源（通常要保护的内容有 A 累加器、B 寄存器、PSW、DPTR 等），因此应合理预留堆栈空间。

【例 4.2】　8051 单片机的串行口设置为高优先级，其他中断源为低优先级，试对 IP 寄存器进行设置。

解:用字节操作指令

MOV　IP,　#00010000B 或者 MOV　IP,　#10H

用位操作指令

SETB　PS

说明:上电复位后,各中断源初始状态都是低优先级的,所以在初始化程序中只对高优先级进行设置即可。

若采用 C51 编程语言,则写为

PS=1 或者 IP=20H

【例 4.3】　设单片机系统中有高级中断和低级中断,子程序嵌套最多 8 层,试推测堆栈的预留深度。

解:对于每级中断,应预留字节数为 2+5=7(断点地址 2 字节加保护现场 5 字节)对于有高级中断的情况,上述字节数需要加倍,此时中断系统共需 7×2=14 字节对于子程序,每嵌套一层需要保留返回地址 2 字节,总共需要 8×2=16 字节为两级中断程序调用子程序预留 6 字节,所以堆栈深度约为 $\sum$ = 14+16+6=36 字节。

为堆栈留足空间很重要。程序编译时并不检查堆栈预留是否充足,若不慎造成运行中堆栈溢出(即:栈指针加到 7FH 后继续压栈),则所压栈内容得不到真正保留,当从堆栈恢复时就会发生严重错误。其基本现象为:单片机系统上电后短时工作似乎正常,但随着程序的运行,可能遇到各种情况。当经过不确定的时间后,有可能出现最不利的情况,就会发生堆栈溢出,则单片机系统会突然死机或瘫痪。

在计算机术语中,常用"bug"一词来表示这类隐藏较深的软件缺陷。这类缺陷,从编程语法、流程逻辑等方面都不容易发现,排查难度较大。如果能预先清楚地将堆栈预留深度推测准确,就可以从根本上杜绝这个现象。

4.3　中断响应及处理过程

单片机对中断请求的管理方法是,在每个机器周期的最后一个 S 状态即 S6 期间查询中断请求标志,在下一个机器周期的 S1 中响应相应的中断请求,并进行中断处理。

中断处理过程可分为 4 个阶段:中断请求、中断响应、中断处理和中断返回。8051 单片机的中断过程流程如图 4.7 所示。CPU 执行程序时,在每个机器周期的最后一个 S 状态检测是否有中断请求,如果有中断请求,则相应的中断标志位置位。CPU 检测到中断请求标志后,如果中断是允许的,就进入中断响应阶段;如果没检测到中断请求或者中断被禁止,就继续执行下一条指令。

在中断响应阶段,如果有多个中断源,CPU 要判断哪个中断源的优先级高,优先响应优先级高的中断请求,并阻断同级或低级的中断请求。硬件产生子程序调用指令,将断点处的 PC 压入堆栈,将所响应的中断源矢量地址送入 PC 寄存器,跳转到该入口地址开始执行中断服务程序。

中断服务是要完成中断应处理的事务,根据需要编写中断服务程序。编写中断服务程序时要注意,为了在中断程序中使用某些硬件寄存器而在返回时不破坏它们原来的内容,需要对使用的寄存器进行保护,这称为保护现场。通常可以利用堆栈来保护累加器 A、寄存器 B、

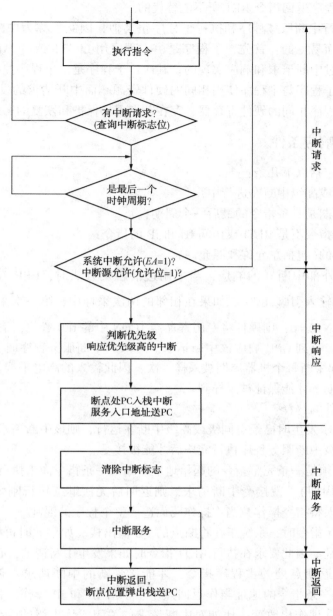

图 4.7 中断响应过程流程图

程序状态字 PSW、数据地址指针 DPTR，如果要使用工作寄存器区，可以通过设置 PSW 中的 RS1 和 RS0 位实现快速切换。当然，在程序编写完毕后，可以根据实际情况调整，例如在中断程序中并没有使用寄存器 B，则可以不对它进行压栈保护。将不必要的指令语句去掉的过程是程序优化的组成部分。

中断服务程序执行完毕准备返回时，要先按照压栈时相反的顺序将当时保护的寄存器内容恢复回去，这称为恢复现场。由于 PSW 也一并弹出，所以不必特别把工作寄存器区切换回去。中断服务程序的最后一条指令是 RETI，这条指令使堆栈中被压入的断点地址弹出到 PC，从而能正确地返回到主程序的断点处继续执行。另外，RETI 还有恢复优先级状态触发

65

器的作用，这是子程序返回指令 RET 所不能替代的。

可见，CPU 执行中断服务程序和执行子程序很类似，因此也称为中断服务子程序。但两者的区别也是显而易见的：首先，子程序是由主程序用 LCALL 或 ACALL 指令来调用的，中断服务程序是通过中断请求和响应实现的。其次，子程序是由主程序控制调用的，有确定地调用地点，而且子程序与主程序使用相同的硬件资源。而中断请求的发生时刻不可预知，通常不能使用与主程序相同的硬件寄存器，存在断点现场保护和恢复的客观需求。

4.3.1　中断响应条件

中断响应条件包括以下几条：

① 当前无同级或高级中断在进行中；

② 当前机器周期是一条指令的最后一个周期；

③ 当前执行的指令不是 RETI 或访问 IE 和 IP 的指令；

④ 中断是允许的（包括总允许和源允许）。

例如，CPU 对外部中断 0 的响应，当采用边沿触发方式时，CPU 在每个机器周期的 S5P2 期间采样外部输入引脚/INT0。如果在相邻的两次采样中，第一次采样到 $\overline{INT0} = 1$，紧接着第二次采样到 $\overline{INT0} = 0$，则硬件将专用寄存器 TCON 中的 IE0 置位，请求中断。IE0 的状态会一直保持下去，直到 CPU 响应该中断请求。进入到中断服务程序时，才由硬件自动将 IE0 清除。由于外部中断每个机器周期被采样一次，因此输入的高电平或低电平信号必须保持至少一个机器周期，才能保证被采样到。

对中断响应条件的解释：

① 如果中断请求发生时已经有同级或高级中断在运行，则该中断请求不会被立即响应，必须等待同级或高级中断服务程序执行完毕后才能被接受。

② 断点地址必须是一条完整指令的起始地址。如果一条指令尚未执行完毕（比如双周期指令只执行了一个周期），就接受中断请求，则返回后无法继续执行刚才指令未完成的部分，而且可能由于误将指令操作数当作操作码而造成整个程序的混乱。

③ 当执行 RETI 指令时，系统正在将断点的 PC 值出栈。如果此时再接受中断请求，会发生断点保护的混乱。因此要求在执行 RETI 指令时如果发生中断请求，必须得执行完 RETI 指令后再执行一条返回点处的主程序指令，才能接受新的中断请求。否则，系统会误将"RETI"指令后面的一条指令的地址当作返回点。至于对 IE 和 IP 操作，是因为这些操作可能对中断源系统的管理作出改变，比如对中断请求的关闭或优先级的改变。这些操作完成后，再执行一条指令才能生效。

④ 中断必须是允许的，毋庸赘述。

4.3.2　中断响应过程

8051 单片机的 CPU 在每个机器周期的 S5P2 期间顺序采样每个中断源，CPU 在随后的机器周期最后一个 S 状态按优先级顺序查询中断标志。如果查到某个中断标志为 1，则将在下一个机器周期的 S1 期间按优先级进行中断处理。中断系统通过硬件自动将相应的中断入口地址送入程序计数器 PC 中，以便转移到相应的中断服务程序。这个过程由单片机硬件系统自动进行，用户无法察觉。8051 单片机的中断服务系统中有两个不可编程的"优先级生效"触发器。一个是"高优先级生效"触发器，用来指示正在进行高级中断服务，并阻止其他一切中断请求；另一个是"低优先级生效"触发器，用来指示正在进行低优先级中断服务，并阻止同级别的其他中断请求，但不阻止高级中断请求。单片机一旦响应中断，首先会置位相应的中断"优先级生效"触发器，然后由硬件执行一条长调用指令 LCALL，把下一条要执行的指令地址压入堆栈，并把对应的中断服务程序入口地址送入 PC，则 CPU 就会跳转到该入口地址处开始执行程序。CPU 响应中断后，应撤除中断请求标志，否则会引起再次中断。在 8051 单片机的 5 个中断源中，2 个定时器/计数器溢出中断请求标志在中断响应后会自动清除，边沿触发方式下的外部中断请求标志也会在响应后自动清除。串行口发送和接收中断标志 TI 和 RI 不能被硬件自动清除，必须通过执行指令来清除，称为软件清除。至于电平触发方式下的外部中断请求，由于只要外部引脚保持低电平就会使相应的中断请求标志维持有效，因此即使清除了该中断标志也不能防止再次发生中断请求。这可以通过在外部增加硬件（如 D 触发器）来自动撤销外部中断请求信号。CPU 响应中断时，系统会自动保存断点地址，但不会保护其他寄存器内容。接受中断请求后，将对应中断请求的入口地址（称为中断矢量）装入 PC，使程序转向该中断地址单元，开始执行中断服务程序。各中断源的入口地址见表 4.2。

表 4.2　中断源及其对应的入口地址

中断源	中断入口地址	中断源	中断入口地址
外部中断 0	0003H	定时计数 1	001BH
定时计数 0	000BH	串行口中断	0023H
外部中断 1	0013H		

注：对于 89C52 子型号，增加了定时器/计数器 T2，其中断入口地址为 002BH。

从表中可见，各中断源入口地址之间只相距 8 个字节，通常的中断服务程序很难在这么短的地址空间里完成。解决方法是在入口地址处安排一条长跳转指令，使中断服务程序转移到 64KB 空间的任何其他地方去，见例 4.4。

【例 4.4】　复位入口和外部中断 1 服务程序安排示例

```
            ORG   0000H;        复位入口
            SJMP  MAIN;         短跳转至主程序
            ORG   0013H;        外部中断 1 入口
            LJMP  INT1SERVE;     长跳转至 INT1 中断服务程序
            ORG   0030H;        主程序开始地址(跳过各中断入口地址)
MAIN:       MOV   SP,#60H;       主程序的第一条指令
            ……
            ……
            LJMP  MAIN;          主程序结束
中断服务程序：
            ORG   1000H;        64K 空间的其他位置
INT1SERVE:
                                中断服务程序的内容
            RETI;              中断服务程序结束,返回
```

67

中断服务程序从入口地址开始执行，在上例中，是跳转到 1000H 开始的单元，开始执行中断服务程序的各条指令，一直执行到 RETI 为止。

编写中断服务程序时，应注意以下几点：

① 在中断入口处安排长跳转指令，使程序转移到合适的地址空间去安排。

② 在中断服务程序开始部分，应使用压栈指令保护拟使用的寄存器，如 A 累加器、B 寄存器、PSW、DPTR 等。

③ 如果要在执行中断服务程序时禁止高级中断请求，可以在进入中断程序后临时关闭系统总中断允许位，在返回前再重新开放。

④ 为了提高中断系统的效能，应优化中断程序的设计，使中断服务程序尽可能简短。不宜在中断程序中执行查询等待功能。

C51 中断程序的编写与汇编语言有所不同。在 C51 中，中断服务函数是以中断函数的方式是现实的。C51 中断函数的格式如下：

```
Void 函数名( )interrupt 中断号 using 工作组
{
   //中断服务程序的内容
   }
```

上例用 C51 编写程序为：

```
#include<AT89X51. H>
Void main( )
{
     //外部中断 1 初始化
     IT1＝1;//设置 INTR1 中断方式为边沿触发方式,负跳变时产生中断
     EX11;//允许外部中断 1 中断
     EA＝1;//CPU 开放中断
     While(1)
     {
     //主程序内容
     }
}
/* 外部中断 1 处理函数* /
Void intr0_int( )interrupt1 using2    //INTR1 中断,使用工作寄存器 2 组
{
     //中断服务函数的内容
}
```

4.3.3　中断响应时间

中断请求可能发生在任何时刻，而 CPU 可能运行于任何状态下，因此从发生中断请求到 CPU 接受这个请求所经历的时间是不同的。现在以外部中断 1 电平触发方式为例来说明

68

中断响应的延迟时间范围。

在机器周期的 S5P2 期间，INT1引脚的低平被锁存到 TCON 寄存器的 IE1 标志位，CPU 在下一个机器周期才查询这个值。如果符合中断响应条件，将执行一条硬件长调用指令 LCALL，使程序转移到中断服务程序的入口地址 0013H，LCALL 指令自身需要 2 个机器周期。因此，从外部中断 1 发出中断请求到开始执行中断服务程序，至少要延迟 3 个机器周期。

若发生中断请求时 CPU 处于不能立即响应的状态，则响应时间会加长。假定系统中只有一个中断请求是允许的，那么，最坏的情况是，发生中断请求时正在执行 RETI 指令，随后的一条指令是最长的 4 周期指令(如乘除法指令)，则需要在 3 个机器周期的基础上再增加 5 个机器周期。因此，最长的时间延迟是 8 个机器周期。结论为，如果系统中只有一个中断源，则中断响应延迟时间为 3~8 个机器周期。如果系统中还有其他同级或高级中断源，那么响应时间不能确定，得等待当前的中断服务程序执行完毕后才能响应本次中断请求。单独中断源最快和最慢的中断响应情况如图 4.8 和图 4.9 所示。

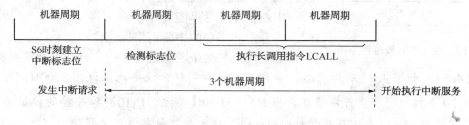

图 4.8　单独中断源最快的中断响应情况

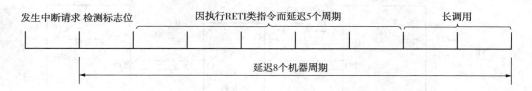

图 4.9　单独中断源最慢的中断响应情况

必须对中断响应时间不确定这种情况给以充分注意。例如，如果利用定时器实现本地时钟，即使定义为最高优先级也可能发生走时误差。

4.4　8051 单片机中断应用案例

单片机的程序可划分为主程序、子程序和中断服务子程序，可以分别编写和调试这些程序模块。

（1）主程序

主程序是总体工作任务脉络，应清晰明确而简短，宜安排调用各子程序模块，规定任务走向，尽量减少具体可执行指令。其入口地址为 0000H。应该在这个地址安排一条短跳转转指令，跳过各中断服务程序入口，可跳转到 0028H 开始主程序编写。

主程序开始部分，应先设置堆栈指针，然后调用初始化子程序，顺序执行各子程序模块

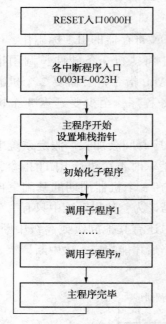

图 4.10 主程序一般流程架构

功能，最后是跳转至主程序开始部分初始化调用语句后，形成闭环。一般流程如图 4.10 所示。一般情况下，初始化子程序只在系统复位后执行一次，通常完成的任务有：

设置中断允许寄存器、定时器/计数器方式、串行口方式；

设置各 I/O 口初始状态；

设置各变量初始值；

清除片内 RAM 区；

清除看门狗。

（2）中断服务子程序

编写中断服务程序注意事项：

在中断入口处安排长跳转指令；

在中断服务程序开始部分进行现场保护（包括压栈和换区），并在返回时按反序弹出；

中断程序应尽可能简短；

注意清除必要的中断请求标志位；

必要时对某些中断源进行关闭，并在返回前再打开。

【例 4.5】 如图 4.11 所示电路，单片机连接打印机，设备地址设为 2000H，每次向打印机传送 20 个打印字符，首字节在片内 RAM 的 30H 单元。$\overline{INT0}$ 引脚连接的按键为启动打印键，采用边沿触发方式。在启动打印后，每发送一个字符就返回主程序，打印机的忙状态（高有效）作为中断请求信号，电平触发方式。

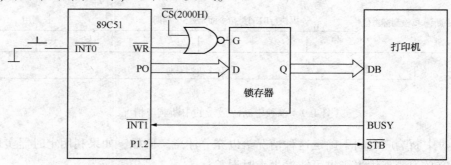

图 4.11 单片机以中断方式管理打印机

编程如下：

```
        ORG     0000H
        SJMP    WORK
        ORG     0003H
        LJMP    START
        ORG     0013H
        LJMP    PRINT
        ORG     0028H
WORK:   MOV     SP,#60H
```

```
                SETB    EA
                SET     B  IE0
                SETB    IT0
                MOV     R7,#14H
                MOV     R0,#30H
WORK1：         NOP
                NOP
                NOP
                AJMP    WORK1
START：         SETB    IE1
                RETI
PRINT：         MOV     DPTR,#2000H
                MOV     A,@R0
                INC     R0
                MOVX    @DPTR,A
                CLR     P1.2
                NOP
                SETB    P1.2
                DJNZ    R7,NEXT
                CLR     IE1
NEXT：          RETI
```

C 语言程序如下：

```c
#include"reg51. h"
#include"intrins. h"
#define uchar unsigned char
sbitP1_2=P1^2;
uchar ucPrintBuf[20]_at_0x30;
uchar xdata* pPrintPort;
void main( )
{
    pPrintPort=0x2000;
    EA=1;
    IE0=1;
    IT0=1;
    while(1);
}
void INIT0Fun( )interrupt0
{
    IE1=1;
}
```

```
void INIT1Fun( ) interrupt2
{
        int i=0;
        for( i=0;i<20;i++)
        {
            * ( pPrintPort+i)= ucPrintBuf[ i] ;
            P1_2=0;
            _nop_( );
            P1_2=1;
        }
}
```

4.5　8051 单片机定时器/计数器

定时器/计数器是伴随计算机技术一并出现的。计算机本身工作需要时钟节拍，另外还有大量定时和脉冲计数的需求场合。例如 PC 机上都有实时时钟系统，可以准确地给出年月日时分秒信息；单片机系统运行中也可能需要某种定时应用，比如每 10ms 进行一次 A/D 转换，或每 100ms 扫描一次键盘，某种操作后要延时 200μs 再进行下一步操作等。至于计数应用也很多，这主要是对外部事件脉冲进行计量，比如某些数字化仪表，前端采用的就是电压/频率转换技术，把模拟量转换为一定频率的脉冲，如水表、电表、煤气表等。许多工业应用的流量检测仪表也是把体积流量或质量流量转换为与流量成比例的电脉冲。单片机中具有的定时器/计数器能方便地解决这些问题。在工业检测和控制应用中，许多场合都需要用到定时或计数功能。那么，定时器和计数器有怎样的区别和联系呢？单片机内部的定时器/计数器硬件结构是相同的，其工作本质是对脉冲计数。如果脉冲来自单片机外部，其频率未知，且随时变动，因此这时应采用计数器方式；如果脉冲来自系统内部，它的脉冲频率或周期是已知的，稳定的，则可通过选择不同的时间常数，实现定时器功能。

定时器运行的基础是振荡周期，实质是其 12 分频即机器周期。衡量定时器的技术指标有下列内容：

定时精度　单片机定时器的运行是对机器周期进行计数，因此定时精度与系统主频有关，比如主频为 12MHz，则定时精度就是一个机器周期，即 1μs。

定时间隔　单片机定时器单次运行所能实现的最大定时间隔，对于 16 位运行方式，这个时间间隔就是 $65536\times1\mu s=65.536ms$。

外部脉冲限制　当用作计数器时，单片机对外部输入脉冲的识别方法是：在一个机器周期检测到高电平，在下一个机器周期检测到低电平，则可确认引脚上的一次负跳变，计数器加 1。因此可以推知，引脚上的脉冲频率应不高于主频的 1/24。例如主频为 12MHz，则外部脉冲频率应不超过 500kHz。不仅如此，对外部脉冲的电平宽度也应提出限制，即脉冲宽度（正脉冲或负脉冲）不得小于一个机器周期的宽度，否则有可能丢失脉冲，如图 4.12 所示。

8051 单片机中设置有专门管理定时器/计数器的特殊功能寄存器，包括一个方式控制寄存器 TMOD 和 4 个常数寄存器 TL0、TH0、TL1 和 TH1。定时器/计数器的运行既可以采用程序查询方式，也可以采用中断方式。

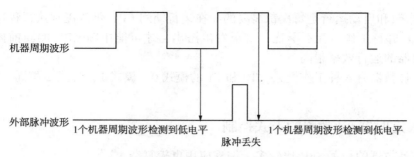

图 4.12　外部脉冲宽度不足一个机器周期造成的脉冲丢失

4.5.1　定时器/计数器概述

8051 单片机片上有两个 16 位的定时器/计数器，称为 T0 和 T1。它们硬件结构相同，功能上略有差异，都能用作定时器和外部脉冲计数器。

图 4.13 给出了定时器/计数器 T0 和 T1 的硬件结构。两个 16 位定时器都是加 1 计数器，它们都分别由高低字节组成，命名为 TH0、TL0、TH1 和 TL1。定时器/计数器在本质上都是对脉冲计数，但可以用软件选择脉冲源。如图 4.13 所示，如果选择定时器方式，即 $C/\overline{T}=0$，脉冲来自系统振荡器和分频电路，是对机器周期进行计数。由于机器周期的宽度固定，因此可实现精确定时。如果选择计数器方式，即 $C/\overline{T}=1$，则脉冲源来自外部引脚 T0 或 T1。

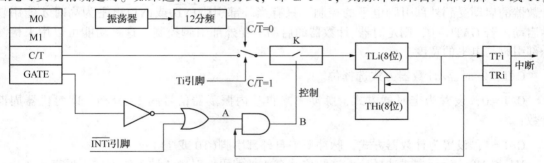

图 4.13　8051 单片机的定时器/计数器结构

设置为定时器方式时，8051 单片机片内振荡器输出经过 12 分频后输入到定时器，也就是每个机器周期将使定时器 T0(或 T1)加 1，直至加满后再加 1 发生溢出。双字节常数寄存器的最大值是 FFFFH，即 65535。在初始值为 0 的情况下，当第 65536 个计数脉冲到来时发生溢出。溢出可使专用寄存器 TCON 中的 TF 位置 1，这可以由软件查询，也可以产生中断请求。当单片机采用 12MHz 晶体时，一个机器周期恰好是 $1\mu s$，用做精确定时很方便，也很准确。此时定时器的时间分辨率为 $1\mu s$，最大定时间隔为 65.536ms。因为是加 1 计数，所以初始常数 0000H 将导致最大定时间隔。

设置为计数器方式时，通过引脚 T0 或 T1 接入外部脉冲。计数器捕捉外部脉冲的下降沿，每当发生负跳变时计数器加 1。CPU 在每个机器周期的 S5P2 期间采样外部引脚的电平状态，若一个机器周期检测到高电平，下一个机器周期检测到低电平，则确认一次负跳变，计数器加 1。在随后机器周期的 S3P1 期间计数器常数寄存器内容更新。

定时器/计数器在使用前先要指定工作方式，并对常数寄存器装载初始值，然后启动运行。如果在整个工作过程中不改变工作方式，则只需要在系统初始化时指定一次工作方式即可，但装载常数和启动运行是每次都需要的。在运行期间 CPU 仍然正常执行程序，定时器/计数器与 CPU 并行工作，互不干扰，直至发生溢出，才可能中断 CPU 的当前操作。可见，定时器/计数器的运行效率很高。

定时器/计数器有 4 种工作模式，T0 和 T1 的模式 0、模式 1、模式 2 相同，模式 3 两者不同。

4.5.2　定时器/计数器的方式控制

定时器/计数器的相关 SFR 比较多，编程应用也较复杂。

（1）工作模式寄存器 TMOD

TMOD 用于控制 T0 和 T1 的工作方式，高半字节对应 T1，低半字节对应 T0。各位的意义如图 4.14 所示。

D7	D6	D5	D4	D3	D2	D1	D0
GATE	C/$\overline{T}$	M1	M0	GATE	C/$\overline{T}$	M1	M0

图 4.14　各位的意义

TOMD 虽然是控制寄存器，但它的字节地址是 89H，不可位寻址，只能字节操作。

以下是 TMOD 控制寄存器各位的功能。

GATE：门控位。此位涉及定时器/计数器启动运行控制条件，若 GATE＝1，则定时器/计数器的启动受到外部引脚电平的控制。只有当外部引脚$\overline{INT0}$或$\overline{INT1}$电平为高时才能用软件启动。若 GATE＝0，则定时器/计数器的启动不受外部引脚控制。这种功能可以用来检测外部引脚高电平的宽度。

C/$\overline{T}$：定时器/计数器方式选择位。

C/$\overline{T}$＝0，设置为定时器方式，脉冲源来自片内振荡器信号的 12 分频，即对机器周期计数；

C/$\overline{T}$＝1，设置为计数器方式，脉冲源来自外部引脚(T0 或 T1)。

M1 和 M0：运行方式选择位。这两位共有 4 种编码，对应 4 种工作方式，见表 4.3。

表 4.3　M1 和 M0 对应的 4 种工作方式

M1　M0	工作方式	功能描述
0　0	0	13 位计数器
0　1	1	16 位计数器
1　0	2	8 位常数自动重装计数器
1　1	3	定时器 0：分成 2 个 8 位计数器 定时器 1：停止计数

例如，设要使 T0 工作于定时器方式，运行不受外部引脚控制，使 T1 工作于计数器方式，运行不受外部引脚控制，选择 16 位计数方式，则可构造控制字如下：

TMOD＝01010001B＝51H

如果只使用其中一个定时器，另一个不使用，则可不对相关的位赋值。例如只使用 T0 作为 16 位定时器，运行受外部引脚控制，则控制字为：

TMOD＝00001001B＝09H

（2）控制寄存器 TCON

定时器/计数器的控制寄存器的字节地址为 88H，既可字节寻址也可位寻址。它的低 4
位涉及中断管理，高 4 位分别是定时器/计数器启动控制位和溢出标志位，如图 4.15 所示。

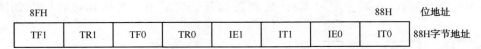

8FH							88H	位地址
TF1	TR1	TF0	TR0	IE1	IT1	IE0	IT0	88H字节地址

图 4.15　控制位和标志位

TCON 中高 4 位的定义如下。

TF1：T1 溢出标志。当 T1 溢出时，由硬件自动使中断请求标志 TF1 置位为 1，并向
CPU 申请中断。当 CPU 响应中断进入中断服务程序后，TF1 被硬件自动清 0。当不使用中断
方式时，TF1 也可用软件查询。

TR1：T1 运行控制位。可通过指令使 TR1 置位或清 0 来启动或停止 T1。在程序中可用
指令"SETB　TR1"使 TR1 置位，从而启动 T1 开始计数运行。当执行指令"CLR　TR1"时，
可立即停止 T1 的运行。

TF0：T0 溢出标志，其功能和操作情况同 TF1。

TR0：T0 运行控制位，其功能和操作情况同 TR1。

单片机复位时，TOCN＝00H。

（3）常数寄存器

8051 单片机的定时器/计数器是 16 位的，T0 和 T1 各有两个 8 位常数寄存器，分别为
TH0、TL0、TH1、TL1。它们属于专用寄存器 SFR，只能字节寻址，不能位操作（图 4.16）。
以 T0 的常数寄存器为例展开说明如下。

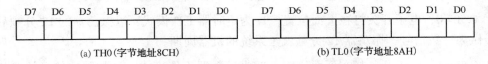

D7	D6	D5	D4	D3	D2	D1	D0		D7	D6	D5	D4	D3	D2	D1	D0

　　　　(a) TH0（字节地址8CH）　　　　　　　　　　　(b) TL0（字节地址8AH）

图 4.16　常数寄存器

① 读写操作时，要按字节进行，没有高低字节次序要求。例如，要写入计数值 3CB0H：

MOV　TH0，#3CH；　　　　先写入高字节
MOV　TL0，#0B0H；　　　　后写入低字节

或者也可以写为

MOV　TL0，#0B0H；　　　　先写入低字节
MOV　TH0，#3CH；　　　　后写入高字节

由于计数值只能按 16 进制形式写入，因此当按十进制计算出计数值后，应换算成十六
进制形式。

② 读出计数器数值结果时，仍然是按高低字节的形式，如果要换算成十进制数据，可
以简单计算如下：计算结果（双字节数）＝TH0×256＋TL0。

4.5.3　定时器/计数器的 4 种工作方式

定时器/计数器有 4 种不同的运行方式，这为应用提供了很大的灵活性。不过这 4 种方

式的使用频率不尽相同。对于计数器方式下，主要使用方式1；对于定时器方式，4种方式各有特点。一般认为方式0可包含于方式1中，方式3只适用于T0，而此时T1不可用。

（1）方式0

当M1、M0为0、0时，定时器/计数器被设置为方式0，这是其等效框图如图4.17所示。

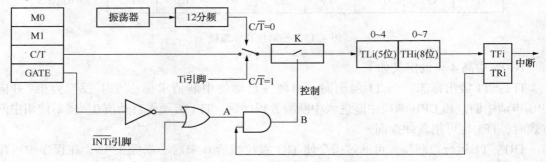

图4.17　定时器/计数器方式0逻辑结构框图

方式0是13位定时器/计数器，由低5位和高8位组成。低字节寄存器TLi的有效数位是D0~D4，当低字节寄存器内容达到2^5时向高字节进位并将自身清0。此时常数寄存器结构如图4.18所示。其中 i 为0或1，表示同时适用于定时器/计数器T0和T1。

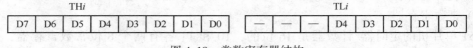

图4.18　常数寄存器结构

图4.17中，C/$\overline{\text{T}}$位控制的电子开关决定了定时器/计数器的工作模式：

① C/$\overline{\text{T}}$=0，电子开关打在上面位置，Ti为定时器工作模式，以振荡器的12分频后的脉冲信号做为计数信号，振荡器12分频就是系统的机器周期。

② C/$\overline{\text{T}}$=1，电子开关打在下面位置，Ti为计数器工作模式，计数脉冲信号从单片机外部引脚Ti输入，当引脚发生负跳变时，计数器加1。

GATE位的状态决定了定时器/计数器的运行是否受到外部$\overline{\text{INTi}}$引脚的控制。

① GATE=0，图4.17中的A点固定为高电平，B点电平只取决于Tri的状态。Tri=1，B点为高电平，控制电子开关K闭合，启动定时器/计数器运行；Tri=0，则停止运行。简言之，如果GATE=0，则定时计数器的运行只受触发位Tri的控制，与外部引脚$\overline{\text{INTi}}$无关。

② GATE=1，这时B点电平受到Tri和外部引脚$\overline{\text{INTi}}$的双重控制，只有当$\overline{\text{INTi}}$=1且Tri=1时，定时器/计数器才能够启动。如果在定时器/计数器运行期间$\overline{\text{INTi}}$跳变为低电平，则运行会立即停止。这个机制可以被用来检测外部引脚$\overline{\text{INTi}}$的正脉冲宽度。

在方式0下，低字节常数寄存器最大装载值为1FH。若常数初始值为0，则最大记录脉冲数为$2^{13}=8192$；若主频为12MHz，则最大定时间隔为8.192ms。

【例4.6】　利用定时/计数器每隔1ms控制产生宽度为二个机器周期的负脉冲，由P1.0送出。设时钟频率为12MHz。

为了提高CPU的效率，采用中断工作方式。

首先确定定时器的初值，设定时器初值为 X，则定时 1ms 时，应有

$$(2^{13}-X)\times 10^{-6} = 1\times 10^{-3}$$

式中可以求出 $X = 7096 = 1101110\ 111000B$，其中高 8 位为 DDH 赋给 TH0，低 5 位 18H 赋给 TL0。8051 单片机系统复位后，TMOD 被清零，定时器处于方式 0 状态，GATE = 0，因此可以使用复位初值。

汇编程序如下：

```
        ORG         0000H
        AJMP        MAIN
        ORG         000BH
        AJMP        T0INT
        ORG         100H
MAIN:MOV            TH0,#0DDH
        MOV         TL0,#18H;              设定初值
        MOV         IE,#82H;              允许 T0 中断,EA=1,ET0=1
        SETB        TR0;                  启动定时器 0 、
LOOP:SJMP          LOOP
        ORG200H
TOINT:CLR  P1. 0
        SET  P1. 0;                       送 2 个机器周期的负脉冲
        MOVTH0,#0DDH;                     用软件重装 TH0 和 TL0
        MOVTL0,#18H
        RETI
```

C 语言程序如下：

```c
#include"reg51. h"
#include"intrins. h"
#define uchar unsigned char
void main( )
{
    TH0=0x 0DDH;
    TL0=0x 018H;
    EA=1;
    IE0=1;
    IT0=1;
    while(1)
    {
    }
}
Void timer0_int( ) interrupt 1 using2
```

```
    {
        TF0=0;//清除溢出标志(这条指令也可以省略)
        P1.0=! P1.0;//P1.0 口线取反输出
        TH1=0x0DDH;//装载时间常数
        TL0=0x018H;
    }
```

（2）方式1

当 M1、M0 为 0、1 时，定时器/计数器工作于方式 1，这时的等效电路如图 4.19 所示。方式 1 是最常使用的一种方式，其运行机理和计数初始值计算都比较便于理解和掌握。

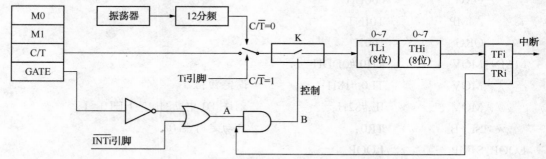

图 4.19　定时器/计数器方式 1 逻辑结构框图

方式 1 是 16 位定时器/计数器，由低 8 位和高 8 位组成。低字节寄存器 TLi 的有效数位是 D0~D7，当低字节寄存器内容达到 2^8 时向高字节进位并将自身清 0。此时常数寄存器结构如图 4.20 所示。其中 i 为 0 或 1，表示同时适用于定时器/计数器 T0 和 T1。

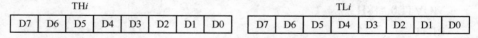

图 4.20　常数寄存器结构

方式 1 时，关于定时或计数方式选择、GATE 位的控制作用、启动和停止条件以及溢出中断等都与方式 0 相同。用于定时器方式时，时间常数装载值最小为 0，最大为 65535。定时器/计数器的常数寄存器是向上加 1 计数的，在做定时器应用时，其定时时间和所装入的常数之间关系为

$$T=(216-初始值 X)×机器周期 t$$

【例 4.7】 用定时器 T1 产生一个 50Hz 的方波，由 P1.0 引脚输出。

解题思路：50Hz 的方波，其周期为 20ms，正负电平各为 10ms，因此可以用 T1 实现 10ms 定时，定时到时使 P1.0 引脚电平取反即可，然后构成无条件循环。

定时时间常数计算如下：

设定时器为定时方式 1，振荡频率为 12MHz，求定时 10ms 的时间常数装载值。

由公式解出初始值 $X = 2^{16}-T/t=2^{16}-T×f$　　　　其中 $f=1/t$

$$=65536-(0.01×12×10^6/12)$$

$$= 65536-10000=55536=0D8F0H$$

汇编程序如下：

```
        MOV        TMOD, #10H;        定义 T1 定时器方式 1
        MOV        TH1, #0D8H;
```

```
        MOV        TL0,  #0F0H
        SETB       TR1;                       启动 T1 运行
LOOP: MOV          TH1,  #0D8H;              装载时间常数
        MOV        TL1,  #0F0H
WAIT: JNB          TF1,WAIT;                 查询等待
        CLR        TF1;                       清除溢出标志(这条指令也可以省略)
        CPL        P1.0;                      P1.0 口线取反输出
        SJMP       LOOP;                      循环
```

P1.0 引脚上的输出波形如图 4.21 所示。

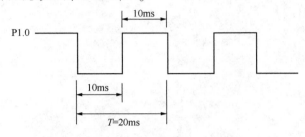

图 4.21　P1.0 引脚上的输出波形

C51 程序如下:

与以上例题对应,采用查询方式!

```c
#include"reg51. h"
#include"intrins. h"
#define uchar unsigned char
void main( )
{
    TMOD=0x10H;
    TH1=0x0D8H;
    TL0=0x0F0H;
    EA=1;
    IE1=1;
    IT1=1;
    while(1)
    {
    If(TF1)//查询等待
    {
    TF1=0;//清除溢出标志(这条指令也可以省略)
    P1.0=! P1.0;//P1.0 口线取反输出
    TH1=0x 0D8H;//装载时间常数
    TL0=0x 0F0H;
        }
    }
}
```

```
}
```
中断方式,如下:
```
#include"reg51. h"
#include"intrins. h"
#define uchar unsigned char
voidmain( )
{
    TMOD=0x10H;
    TH1=0x0D8H;
    TL0=0x0F0H;
    EA=1;
    IE1=1;
    IT1=1;
    while(1)
    {
    }
}
Void timer1_int( ) interrupt 3 using 2
{
    TF1=0;//清除溢出标志(这条指令也可以省略)
    P1.0=! P1.0;//P1.0 口线取反输出
    TH1=0x 0D8H;//装载时间常数
    TL0=0x 0F0H;
}
```
（3）方式 2

当 M1、M0 为 1、0 时，定时器/计数器工作于方式 2。方式 2 称为常数可重新装载的 8 位定时器/计数器，其等效电路如图 4.22 所示，它把 16 位定时器/计数器配置成一个可以自动重新装载常数的 8 位定时器/计数器。其运行特点是：当低字节常数寄存器加满溢出时，不仅使溢出中断标志位 TF 置位，而且还是一种触发机制，能把高字节寄存器中的数值重新装载到低字节寄存器中。可理解为，TL 用做运行的 8 位计数器，TH 用做保存初始值，可以不断地循环往复，而且不需要单片机的干预。方式 0 和方式在溢出后，常数寄存器数值为全 0，如果要连续循环运行，就得重新用程序语句装载常数和启动操作。相比之下，方式 2 的特殊运行方式可使程序设计更简洁。

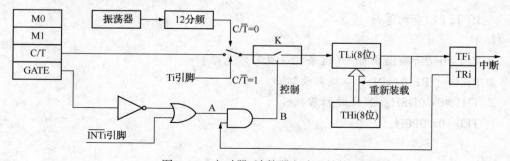

图 4.22 定时器/计数器方式 2 结构

在方式 2 情况下，程序初始化时给常数寄存器高低字节都装入相同的数值。这样，一旦启动，就可以不断地循环运行。用做定时器时，其时间常数与定时时间的关系为

$$T=(2^8-8\text{位初始值})\times\text{机器周期}\ t$$

其中 T 为定时时间，t 为机器周期长度。在这种方式下，最大定时间隔发生在时间常数初始值为 0 的情况，此时的定时间隔为 256 个机器周期。若振荡频率为 12MHz，则此值为 256μs。

方式 2 的重要特征在于可以省去指令中重新装载常数的语句，并且其溢出率（每秒钟溢出的次数）可以作为串行通讯中的时间节拍，即作为波特率发生器。读者应牢记：串行通讯的波特率是利用 T1 的定时器方式 2 实现的。T0 无波特率发生器功能。

【例 4.8】 利用定时器 T1 对外部引脚脉冲事件计数，每当达到 100 个脉冲时将 P1.0 引脚电平取反。

解：外部脉冲连接到引脚 P3.5，即 T1 的的外部脉冲输入引脚。由于计数上限为 100 个脉冲，为快捷可采用计数器方式 2。当计数值满 100 时产生溢出中断，在中断服务程序中将 P1.0 取反一次。由于方式 2 的常数在溢出时会重新装载，因此启动后不必再重装。

方式控制字为 TMOD=01100000H，不使用 T0 时可使低 4 位取 0。

常数计算：$X=2^8-100=156=9\text{CH}$

汇编程序如下：

主程序

```
MAIN:   MOV   TMOD, #60H;        设置 T1 计数器方式 2
        MOV   TL1,  #9CH;        装载时间常数
        MOV   TH1,  #9CH;        装载重新装入值
        MOV   IE,   #88H;        系统和 T1 开中断
        SETB  TR1;              启动计数器 T1 运行
WAIT:   SJMP  WAIT;             等待中断
```

中断服务程序：

```
        ORG   001BH;            T1 中断入口
        CPL   P1.0;             P1.0 引脚取反
        RETI;                  中断返回
```

该程序运行后，可在 P1.0 引脚上观测到方波脉冲。

应该注意，001BH 开始的中断程序代码不能超过 8 字节，否则会破坏其他中断源的指令代码安排。如果中断服务程序很长，可利用跳转指令转移到其他地方执行。

C51 程序如下：

```
#include"reg51. h"
#include"intrins. h"
#define uchar unsigned char
void main( )
{
    TMOD=0x60H;
    TH1=0x09CH;
    TL0=0x09CH;
    IE=0x088H;
```

```
    while(1)
    {
    }
}
Void timer1_int( )interrupt 3 using 2
{
    TF1=0;//清除溢出标志(这条指令也可以省略)
    P1.0=! P1.0;//P1.0口线取反输出
    TH1=0x09CH;//装载时间常数
    TL0=0x09CH;
}
```

（4）方式 3

当 M1、M0 为 1、1 时，定时器/计数器工作于方式 3。方式 3 是为了增加一个附加的 8 位定时器/计数器。方式 3 只适用于 T0，T1 不能工作于方式 3(此时 T1 可以用来作为串行口波特率发生器)。

定时器/计数器 T0 工作于方式 3。当 TMOD 的低 2 位为 11 时，T0 工作于方式 3，此时各引脚与 T0 的逻辑关系如图 4.23 所示。

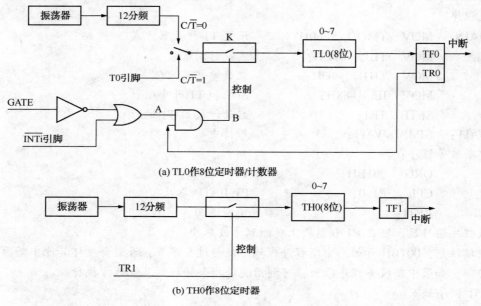

(a) TL0作8位定时器/计数器

(b) TH0作8位定时器

图 4.23　T0 工作于方式 3 的逻辑关系

定时器/计数器 T0 分为两个独立的 8 位计数器：TL0 和 TH0，TL0 使用 T0 的状态控制位 C/$\overline{T}$、GATE、TR0、$\overline{INT0}$，而 TH0 被固定为一个 8 位定时器(不能做为计数器)，并使用定时器 T1 的状态控制位 TR1，同时占用定时器 T1 的中断请求标志 TF1。

4.5.4　关于计数初始值的计算

定时器/计数器 T0 和 T1 都有一个 16 位的常数寄存器，分为高低 2 个字节，分别是 TH0、TL0、TH1 和 TL1。汇编语言编程时，读写操作必须按字节进行。它们的运行机理是：

82

事先按照一定规则计算并写入 16 位的数据初始值，启动运行后，每个脉冲负跳变后在初始值基础上加 1，直到溢出。溢出后是否产生中断请求，常数寄存器是否归 0，在不同方式下有所不同。为了叙述方便，我们把计数初始值称为定时常数和计数常数。

（1）定时时间常数的计算

可以把计数寄存器设想为一个盛水的容器，所装载的常数初始值是容器开始运行时的水面高度，从开始到溢出所经历的时间是从当前水面到瓶口的距离（这段时间对应的数值乘以机器周期）。这里假定单片机主频一律为 12MHz。

① 方式 0 的定时时间常数计算

方式 0 是 13 位定时器/计数器，如果设置定时常数初始值为 0，可实现最大定时时间 8192μs。若要实现 8192μs 以内的任意定时时间，则可进行计算，具体公式为

$$T = (2^{13} - X) \times t$$

式中，t 为机器周期。

如图 4.24 所示，若要求定时 5000μs，则常数装载值 X 计算如下：

$$由 \ 0.005 = (8192 - X) \times 10^{-6}$$

$$解出 \ X = 8192 - 0.005 \times 10^{6} = 8192 - 5000 = 3192 = 0C78H$$

此时应注意，所求得的计算结果表达为 2 字节 16 进制数时，可以有两种选择，即 0CH/78H，和 0C7H/08H。显然，由于低字节只有 5 位有效数位，因此不能采用 0CH/78H，只能用 0C7H/08H。可以这样理解：从定时器开始运行到溢出，总共经过了 5000 个脉冲，而每个脉冲的宽度是一个机器周期，在 12MHz 下恰好为 1μs，即，定时器运行 5000μs 后溢出。

② 方式 1 的定时时间常数计算

方式 1 是 16 位定时器/计数器，如果设置定时常数初始值为 0，可实现最大定时间隔 65536μs。若要实现 65536μs 以内的任意定时时间，则可进行计算，具体公式为

$$T = (65536 - X) \times t$$

其中 t 为机器周期。

如图 4.25 所示，若要定时 20ms，则可计算如下：

$$X = 65536 - 0.02 \times 10^{6} = 65536 - 20000 = 45536 = 0B1E0H$$

图 4.24　方式 0 定时时间常数计算图例　　　　图 4.25　方式 1 定时时间常数计算图例

③ 方式 2 的定时时间常数计算

方式 2 是 8 位常数重装载的定时器/计数器，如果设置定时初始值为 0，可实现最大定时间隔 256μs。

如图 4.26 所示，若要定时 6μs，则可简单计算为

$$X = 256 - 6 = 250 = 0FAH$$

T0 方式 3 也是 8 位定时器/计数器，做定时器时其常数计算方法同方式 2。

图 4.26　方式 2 定时时间常数计算图例

（2）计数常数的设置

做为计数器应用时，情况与定时器不尽相同，常数计算或设置方法也有区别。

① 初始值为 0 的情况

在外部脉冲事件记录、V/F 型 A/D 转换数据获取等应用中，一般要结合定时器联合应用，即在一个确定的时间间隔内记录脉冲的个数。这时可取计数初始值为 0。在启动定时器的同时也启动计数器，当定时时间到时停止计数，读出常数寄存器的结果就可得到此期间记录到的脉冲个数。图 4.27 给出了在规定时间内记录脉冲数的示意图。在这种应用中，时间闸门内记录到的负跳变次数就是所得结果，其原理性误差为 ±1LSB（最低有效位）。显然脉冲频率越很高，闸门时间越长，则相对误差越小。不过，应保证在定时期间所记录的脉冲数不会超过 65536 个。这个条件通常会自然得到满足：外部脉冲的最高输入频率不允许超过振荡频率的 1/24，即不超过机器周期的 1/2。因此，即使采用最大定时时间（从 0 初始值到溢出），计数结果的最大数字也只可能达到满量程的 1/2（32768）。

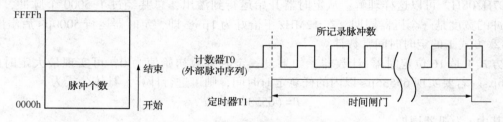

图 4.27　在规定时间内记录脉冲数示意图

② 计数常数初始值为定值的情况

有时计数器自主运行，不依赖定时器，并可产生中断请求。例如在包装生产线上，每 100 个工件为一个批次。利用红外线等技术可使每个工件通过检测位置时发出一个脉冲，用单片机的计数器功能，使得每检测到 100 个脉冲时发出一组控制动作（例如运输皮带暂停，打包，换包装箱等），即可完成自动包装任务。

如图 4.28 所示，以计数器方式 1 为例，如上例中要求每隔 100 个脉冲中断一次 CPU，则可计算常数初始值。

设预定脉冲数为 100，常数初始值为 X。则根据图 4.28，直接计算如下：

$$X = 65536 - 100 = 65436 = 0FC18H$$

需要注意，当数值加到 65535 时，定时器/计数器并不溢出，只有再加一个脉冲才发生溢出。

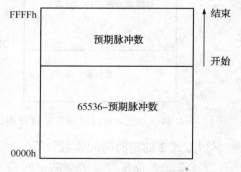

图 4.28　计数常数初始值为固定值的情况

1. 什么是中断和中断系统？其主要功能是什么？

2. 试编写一段对中断系统初始化的程序，使之允许$\overline{INT0}$、$\overline{INT1}$、T0 和串行口中断，且 T0 中断为最高优先级中断。

3. 在单片机中，中断能实现哪些功能？

4. 8051 单片机有哪些中断源，对其中断请求如何进行控制？

5. 什么是中断优先级？处理中断优先级的原则是什么？

6. 说明外部中断请求的查询和响应过程。

7. 8051 单片机在什么条件下可响应中断，为什么？

8. 8051 单片机外部中断源有几种触发中断请求的方法？如何实现中断请求？

9. 8051 单片机各中断源的中断标志是如何产生的？又是如何清 0 的？CPU 响应中断时，中断入口地址各是多少？

10. 中断响应时间是否为确定不变的？为什么？

11. 中断响应过程中，为什么通常要保护现场？如何保护？

12. 定时器模式 2 有什么特点？适用于什么应用场合？

13. 单片机用内部定时方法产生频率为 100kHz 的等宽矩形波，假定单片机的晶振频率为 12MHz。请编程实现。

14. 8051 单片机定时器有哪几种工作模式？它们之间有哪些区别？

15. 8051 单片机内部有几个定时器/计数器？它们是由哪些特殊功能寄存器组成的？

16. 定时器/计数器作定时器时，其定时时间与哪些因素有关？作计数器时，对外界计数频率有何限制？

17. 简述定时器 4 种工作模式的特点，如何选择和设定？

18. 当定时器 T0 用作模式 3 时，由于 TR1 位已被 T0 占用，如何控制定时器 T1 的开启和关闭？

19. 以定时器/计数器 1 进行外部事件计数。每计数 1000 个脉冲后，定时器/计数器 1 转为定时工作方式。定时 10ms 后，又转为计数方式，如此循环不止。假定单片机晶振频率为 6MHz，请使用模式 1 编程实现。

20. 一个定时器的定时时间有限，如何实现两个定时器的串行定时，以满足较长定时时间的要求？

21. 8051 单片机定时器做定时和计数时，其计数脉冲分别由谁提供？

22. 8051 单片机定时器的门控信号 GATE 设置为 1 时，定时器如何启动？

23. 8051 单片机的时钟频率为 6MHz，若要求定时值分别为 0.1ms、1ms 和 10ms，定时器 0 工作在模式 0、1 和 2 时，其定时器初值各应是多少？

24. 设主频为 12MHz。试编写一段程序，功能为：对定时器 T0 初始化，使之工作在模式 2，产生 200μs 定时，并用查询 T0 溢出标志的方法，控制 P1.0 输出周期为 2ms 的方波。

5 单片机的串行口

在测控技术领域，比如在材料成型控制过程中，往往需要双机或者多机进行通信。显然利用前4章的知识已经不能完成通信功能，因此本章介绍单片机的串行口及串行通信。8051单片机除了具有4个8位并行口外，还具有串行口。此串行口是一个全双工串行通信接口，即同时进行串行发送和接收。应用串行口可以实现8051单片机之间点对点的通信、多机通信和8051单片机与上位机之间的通信。

5.1 串行通讯基本知识

计算机运行过程中，CPU、存储器和I/O接口之间要进行大量的数据传送，在计算机系统之间也可能需要远距离传输数据。数据的传送有两种基本的方式，并行和串行。并行传输是多数据位同时进行，如CPU和并行存储器之间、CPU和并行I/O接口之间都采用并行传送。并行传送方法速度快，但距离近。反之，串行传送方法速度慢，但距离可以比较远。图5.1表示了这两种传送方法。并行与串行之间的性质比较见表5.1。

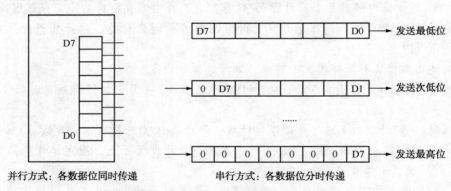

并行方式：各数据位同时传递　　　　串行方式：各数据位分时传递

图 5.1　两种数据传送方法的比较

表 5.1　并行与串行之间的性质比较

比较内容	并行传送	串行传送
时间	一次完毕	多次操作
速度	快	慢
距离	短	长
应用场合	系统内部	系统之间
线缆数量	多(8~16)	少(2~4)

8051单片机上有一个全双工的串行口 UART（Universal Asynchronous receiver/

Transmitter），即通用异步收发器，全双工是指可以同时发送和接收。UART 是一个专门的硬件环节，它能把一个字节的数据逐位分离出来，并从一根口线上发送出去，也能把接收到的串行数据整理成一个完整字节保存起来并通报给 CPU 读取。8051 单片机中，有 3 个专用寄存器是专门用来处理串行通讯的，分别为 SCON、SBUF 和 PCON。

SCON：串行通讯方式控制寄存器；

SBUF：串行收发缓冲器；

PCON：电源控制器，其中的最高位是波特率加倍位。

波特率是用来表征通讯速率快慢的技术参数，它的量纲是 bps（bit per second），即每秒钟传送的二进制位数。8051 单片机的串行通讯可以使用固定波特率，也可以用定时器/计数器 T1 来作波特率发生器，可以用软件编程的方法来指定所使用的波特率，以适应不同距离和应用场合对传送速率的需求。单片机的串行口发送和接收的都是 TTL 电平信号，为了适应远距离传输的要求，需要在外围设计接口驱动电路。由于接口器件的不同特性，形成不同的接口标准。串行通讯只用一条数据线传送数据的位信号，它在本质上是把并行数据拆散，各二进制数位分时地出现在同一介质（导线）上，达到数据传输的目的。串行通讯所需的信号线很少，例如 RS-232C 标准为 3 线制，RS-485 标准为 2 线制。采用串行通讯的方式不仅大大节省了导线，还能解决远距离情况下并行传输不可靠的技术问题。勿庸讳言，串行通讯的传输速度比不上并行传输，但是在计算机联网应用中必须使用这种技术。各种计算机都支持串行通讯，单片机上也配备有专门的串行通讯接口，称为通用异步收发器 UART。

首先比较一下并行传输和串行传输的差异。图 5.2 给出了单片机分别以并行和串行方式与外设交换数据的连接方式。其中串行方式给出了最简单的 TTL 电平直接连接的情况，在实际应用中通常还要增设串行通讯收发驱动器件。具体应用中使用串行或并行方式通讯，取决于通信距离、电缆数目要求等方面考虑，一般建议 30m 以内快速通信可以使用并行通讯，大于 30m 的远距离必须采用串行通讯。

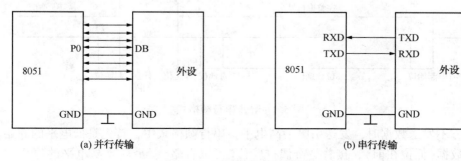

(a) 并行传输　　　　　　　　　　　　(b) 串行传输

图 5.2　两种数据传输方式

5.1.1　同步通讯和异步通讯

串行通讯有同步和异步两种基本方式。

（1）同步方式

同步通讯的基本做法是：在传送正式数据前先发送 1~2 个字节的同步字符，并可携带时钟信息。这相当于一种呼叫，在传送同步数据流期间，接收方实现与发送方的时钟同步。之后才开始正式数据传输，数据块连续传送，字节和字节之间没有间隔，每个字节也没有起始位和停止位。典型的同步数据流如图 5.3 所示。

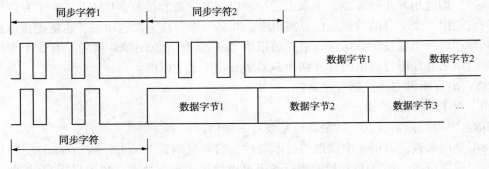

图 5.3 同步传输的数据格式

同步字符可以是 1 字节或 2 字节，其内容可以采用 ASC Ⅱ 码中规定的 SYNC 代码即 16H，也可以由通讯双方约定为任意内容。按同步方式通讯时，发送方先发送同步字符，接收方检测到同步字符后，即准备接收后续的数据流。为了保证正确接收，发送方除了传送数据外，还要同时传送同步时钟信号。同步通讯省去了字符开始和结束标志，而且字节和字节之间没有停顿，其速度高于异步通讯，但对硬件结构要求比较高。

（2）异步方式

异步方式下，数据是按字节发送和接收的，每个字节还要加上起始位和停止位，称为一个数据帧。帧和帧之间可以有任意停顿，而且，发送和接收方各自使用本身的时钟。"异步"的本质是指在一个数据块的传送过程中，收发双方在每个帧的处理过程中非同步，不依赖同一个时钟源。发送方通过"起始位"通知接受方准备接收随后的各数据位，在一帧的传送过程中双方对每个二进制位的确认要根据约定的波特率来进行。只要在一帧数据的收发过程中双方的时钟不发生大的偏差，就能正确实现数据传输，因此异步方式对时钟的同步要求不像同步方式那么严格。异步方式的帧格式如图 5.4 所示。

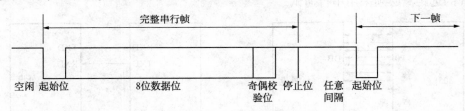

图 5.4 异步串行帧格式

发送方不发送数据时，发送引脚为高电平。串行帧格式中，首先是低电平的起始位，然后是 8 位数据（低位在前），接着是奇偶校验位（可以省略），最后是高电平的停止位。起始位的作用是通知接收方开始接收，奇偶校验位可用于校验接收是否正确，停止位用于告知一帧结束。

显然，在异步方式下，1 字节数据加上起始位、停止位，至少要 10 个二进制位。如果再加上奇偶校验，则每帧为 11 位。这些添加的数位本身不是数据信息，只是为了保证传输，因此异步方式的传输效率比较低。即使字节之间无间隔，其数据流携带的信息有效率也只有 8/11，即大约 73%，这是异步方式不如同步方式的方面。

简言之，同步和异步的最本质区别在于通讯双方是否采用使用相同的时钟源，若相同为同步，反之为异步。由于异步方式对硬件环境要求较低，因此得到了广泛的应用。

5.1.2 单工、半双工和全双工通讯

串行通讯有 3 种情况，即单工、半双工和全双工。

单工：数据单向传输，甲发乙收，或乙发甲收。双方共地，只有一条数据线。

半双工：甲乙都可以发送和接收，但不能同时进行。

全双工：甲乙都可发送和接收，并能同时进行。

列举一些现实生活中的例子：听广播或收音机，这时，"讲者"和"听者"角色固定，不能转换，这是一种"单工"方式；再如对讲器，双方都可以听和讲，但不能同时进行，此称半双工；而打电话时，双方同时可以听和讲，这就是全双工。

8051 单片机支持最高级形式的全双工串行通讯，图 5.5 给出了这 3 种情况的示意图。

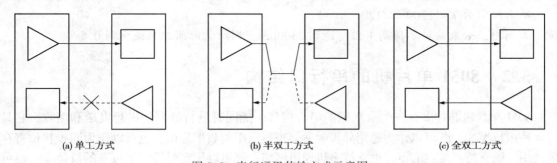

(a) 单工方式   (b) 半双工方式   (c) 全双工方式

图 5.5 串行通讯传输方式示意图

注：三角形表示发送驱动器，矩形表示接收驱动器

5.1.3 编码方式

串行通讯数据外在形式都是二进制逻辑码，其所代表的实际含义可因采用的编码方式而不同。

（1）二进制编码方法

直接二进制数据传送，1 字节表达的数据范围为 0~255。这样编码传输效率高，但表达方式单一，不能区分数据和命令，不能传送文本文件，也不能表达特殊含义，比如终止符号或某些可打印字符等。

（2）ASCⅡ码

ASCⅡ码能表达大小写英文字母和一些可打印字符，传输信息量大，因此得到广泛应用。如计算机控制打印机时，无论是并行方式还是串行方式，传送的都是 ASCⅡ代码。但 ASCⅡ码的代码效率较低，比如 1 字节二进制数据，如果用 ASCⅡ码表示，最多需要 3 字节。发送和接收时都要进行代码转换，传输效率较低。例如数据 214，用二进制编码时可用 1 字节表示，即 D6H；若用 ASCⅡ代码表示，需要 3 字节：32H，31H，36H。

（3）曼彻斯特编码

曼彻斯特编码常用于局域网传输。在曼彻斯特编码中，每一位的中间有一次跳变，位中间的跳变既作时钟信号，又作数据信号；从低到高跳变表示"1"，从高到低跳变表示"0"。它能够携带同步时钟信息，因此又称为自同步编码技术，或称反向不归零制度。具体说，就是每个二进制位都会发生一次跳变，每个码元分为两部分，前半部分是该位的反，后半部分是其本身。

5.1.4 波特率

波特率(Baud Rate)是表征串行通讯数据传输快慢的物理量，它表示每秒钟传送的二进制位数，量纲为 bps(bit per second)。常用的波特率有 50、110、300、600、1200、2400、4800、9600、19200 等。当根据波特率推算一定量的二进制数据传输所需时间时，应注意到上文所述的传输效率问题。

【例 5.1】 设单片机以 1200bps 的波特率发送 120 字节的数据，每帧 10 位，问至少需要多长时间。

解：至少是指串行通讯不被打断，且帧与帧之间无等待间隔的情况。

所需传送的二进制位数为 $10 \times 120 = 1200$ 位

所需时间为 $T = 1200$ 位$/1200$bps$= 1$s

本例中，如果波特率提高 1 倍，达到 2400bps，则所需时间相应减少到 0.5s。

5.2 8051 单片机的串行口结构

8051 单片机芯片上有一个全双工的串行接口，能同时进行数据的串行发送和接收。它具有 4 种运行模式，既可以作为通用异步收发器进行远距离数据通讯，也可以作为同步移位寄存器使用；既支持点对点通讯，也支持多机通讯网络；既可以用定时器产生可变的波特率，也可以使用固定波特率。多种运行模式提供了应用上的灵活性，使之具有广泛的适应范围。

5.2.1 内部硬件结构

8051 单片机上有一个全双工的通用异步收发器，即 UART；有三个相关的专用寄存器，分别为串行口工作方式寄存器 SCON、串行收发缓冲器 SBUF、电源控制器 PCON；外部引脚上有专门的发送引脚 TXD 和接收引脚 RXD；内部有利用定时器 T1 产生波特率的特殊机制。

8051 单片机的串行口内部结构如图 5.6 所示。

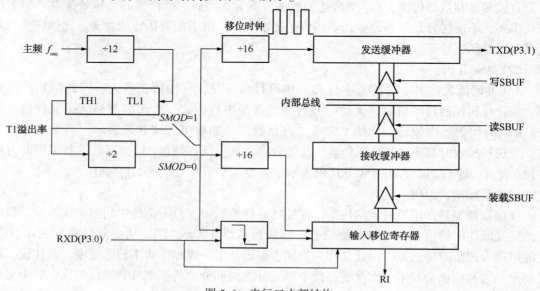

图 5.6 串行口内部结构

如图 5.6 所示，串行发送与接收的速率与移位时钟同步。8051 单片机用定时器 T1 作为波特率发生器，T1 的溢出率（即每秒钟溢出的次数）经 2 分频（或不分频）后，再经过 16 分频作为串行发送和接收的移位时钟脉冲。移位时钟脉冲的速率就是波特率。

分析图 5.6 时还应注意到：

① 虽然 SBUF 只有一个操作地址，但物理上有 2 个寄存器，分别是发送缓冲器和接收缓冲器，CPU 通过读和写来区分操作哪一个：写发送缓冲器，读接收缓冲器。

② SMOD 的取值有使波特率加倍的作用，故称为波特率加倍位，为 1 有效。

③ 接收时，完整收到的字节装载到接收缓冲器并产生中断标志，同时输入移位寄存器腾空准备接收下一字节。此期间 CPU 必须读取接收缓冲器的内容，否则，当输入移位寄存器完整接收下一字节后会自动装载到接收缓冲器，并覆盖前一字节，造成不可恢复的数据丢失。正是由于串行通讯接收过程中读取接收数据的紧迫性，许多系统才把串行接收中断定义为高级中断。

由此可见，尽管 8051 单片机的串行口是高标准的全双工方式，但硬件资源配置有限，并没有设计足够大的接收缓冲器。这就要求 CPU 必须在串行通讯过程中收到每个字节后都要立即处理，降低了 CPU 的管理效率。如果单片机中开辟一个较大的接收缓冲区，那就不需要每字节都立即处理，只要数据块传送完毕一次性处理即可，那会大大提高 CPU 处理通讯任务的效率。

向发送缓冲器 SBUF 写入一字节数据就立即启动发送过程，并在 TXD 引脚上从最低位开始向外发送，发送完毕后中断标志 TI 置位为"1"。由于发送过程是由 CPU 控制的，只要在发送完毕前不写入下一字节，就不会发生数据重叠错误，因此不需要双发送缓冲器。为了防止发送字节被意外覆盖，CPU 在向 SBUF 写入 1 字节后，再发送后续字节前要查询发送结束标志 TI。当 1 字节完整发出后，TI=1，可作为发送后续字节的判据。

当通讯对方发送数据时，起始位的负跳变启动输入移位寄存器的移位操作。当连续收到 8 位数据并开始接收停止位时，如果此时允许接收控制位 REN=1，则将收到的 1 字节数据装载到接收缓冲器中并将接收中断标志 RI 置位为"1"。当 CPU 执行读缓冲器操作时就从该缓冲器中读出所接收到的字节内容。

需要注意，TI 和 RI 中断请求标志都不会因响应中断而自动清除，必须用指令语句来清除，例如可执行 CLR　TI 或 CLR　RI 指令来实现。

串行口相关的专用寄存器有 3 个，分别是串行控制寄存器 SCON，串行口收发缓冲器 SBUF 和电源控制器 PCON。其中 SBUF 是一个数据寄存器，PCON 中只有最高位是波特率加倍位，最重要的是控制寄存器 SCON。SCON 不仅设置串行口的运行方式，还包含发送接收中断标志、接收允许位、收发的第 9 位数据等信息。

5.2.2　串行通讯控制寄存器

串行通信控制寄存器 SCON 是可位寻址的，字节地址 98H，格式如图 5.7 所示。

（1）SM0、SM1 位：串行口工作方式选择位。共有 4 种通讯方式，如表 5.2 所述。

表 5.2　串行口的工作方式

SM0	SM1	工作方式	同步/异步	帧长度	波特率	支持多机通信
0	0	方式 0	同步	8 位	主频/12	不支持

SM0	SM1	工作方式	同步/异步	帧长度	波特率	支持多机通信
0	1	方式1	异步	10位	定时器T1控制	不支持
1	0	方式2	异步	11位	主频/32(或64)	支持
1	1	方式3	异步	11位	定时器T1控制	支持

各种不同方式之间，通讯方式、帧长度、波特率和是否支持多机通讯等方面不尽相同。

（2）SM2位：多机通讯控制位，主要应用于方式2和方式3。

如果SM2=1，允许多机通讯。在多机通讯应用场合，要使用发送或接收的第9位数据TB8或RB8。在主从式多机通讯中，主机发送TB8=1表示本帧是地址帧，发送TB8=0表示本帧是数据帧。多机通讯时，所有从机的SM2位都置位为1。主机先发送地址帧，即数据字节为从机号，且第9位TB8为1。所有从机都会收到该字节，且第9位进入RB8位。各从机核对地址信息，只有地址相符的从机使本机的SM2位清除为0，其他从机保持SM2=1，这就完成了选呼过程。随后主机发送数据信息且第9位TB8=0，只有SM2=0的从机可接收这些随后数据信息，而其他从机不会被中断。

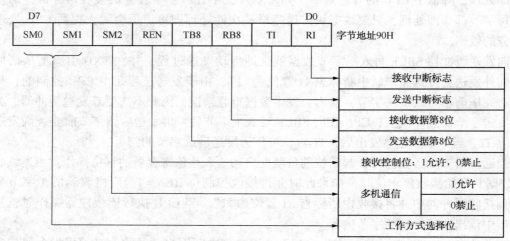

图5.7 串行口控制寄存器SCON位定义

在方式1，只支持点对点通讯。若某通讯方的SM2=1，则只有当接收到有效停止位后才置位接收中断标志RI。

在方式0，SM2位必须为0。

（3）N位：允许接收控制位，可由软件控制。REN=1允许接收，REN=0禁止接收。

（4）TB8位：发送的第9位（即紧跟数据位D7后面的位，也可称之为D8位）数据。在方式2或方式3中使用该位，以区别地址帧或数据帧。TB8=1表示该字节为地址字节，TB8=0表示该字节为数据字节。由于写入SBUF就启动发送过程，因此应先用软件装载TB8，再将字节写入SBUF。如果在点对点通讯中要采用奇偶校验侦错方式，也可以使用方式2或方式3，利用TB8发送奇偶校验位，接收方利用RB8做接收校验。

在方式0和方式1中，不使用TB8。

（5）RB8位：接收到的第9位数据，在方式2或方式3中使用该位。若为多机通讯，RB8=1表示接收到地址字节，RB8=0表示接收到数据字节。若为双机通讯，则RB8为接收到的奇偶校验位。

在方式1中，如果SM2＝0，则RB8中存放的是收到的停止位；在方式0，不使用RB8。

（6）TI位：发送中断标志。在方式0串行发送第8位结束或其他方式下开始发送停止位时由硬件置位。TI＝1可作为中断请求标志，也可由软件查询。TI＝1表示"发送缓冲器已空"，提示CPU可以发送下一字节。中断响应并不能自动清除TI，为了避免出错，必须用软件清除该位。

（7）RI位：接收中断标志。在接收到一帧有效数据后由硬件置位。在方式1、方式2、方式3中，接收到停止位中间时由硬件置位RI。RI＝1表示已经接收到一个完整数据帧并装载到输出缓冲器SBUF中，CPU可以读取。RI可作为中断请求标志，也可以由软件来查询。和TI标志一样，RI标志也不能因中断响应而自动被清除，也需要用软件指令来清除，以便准备接收下一帧数据。

串行口中断与其他中断源的区别在于，引起中断的因素有两个，而中断入口地址只有一个0023H。CPU响应中断时，并不能区分是发送中断还是接收中断。因此在进入串行通讯中断服务程序后，需要用软件来判别究竟是发送中断还是接收中断。对于全双工的单片机来说，也可能发生发送和接收中断同时出现的情况。因为发送是主动的，而接收是被动的，为了避免丢失接收数据，应先查询和处理接收中断请求，然后才处理发送中断请求。

发送/接收缓冲器SBUF是个不可位寻址的数据寄存器，字节地址99H。

从图5.6中可见，发送缓冲器和接收缓冲器在物理上是各自独立存在的，但它们共享同一个操作地址。CPU利用操作类型来区分它们：读操作时是读接收缓冲器，写操作时是写输出缓冲器。

5.2.3　电源控制器

电源控制器PCON中只有最高位$SMOD$与串行口运行有关，如图5.8所示。

图5.8　电源控制器

结合图5.6可知，$SMOD＝1$可使波特率加倍，在串行口方式1、方式3下，按T1溢出率计算的波特率将被加倍。复位时，$SMOD＝0$。

5.3　8051单片机串行口的4种工作方式

5.3.1　串行口方式0

方式0是同步移位寄存器方式，其特点是：从RXD引脚输出串行数据，TXD引脚输出同步移位时钟信号。本方式不适用于远距离串行数据通讯，只适合于扩展并行I/O口。例如可以用74LS164和74LS165芯片分别扩展并行输出口和输入口。方式0情况下，每字节数据为8位，无起始位和停止位，波特率固定为主频/12。图5.9和图5.10分别表示串行口方式0发送时序和用串入并出移位寄存器74LS164扩展并行输出口的情况，图5.11和图5.12分别表示方式0输入时序和用并入串出移位寄存器74LS165扩展输入并行口的情况。

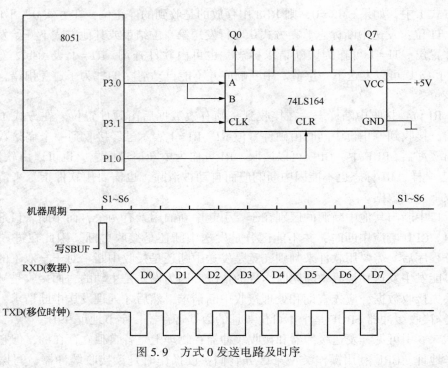

图 5.9　方式 0 发送电路及时序

　　发送时，当待发送的字节数据写入到发送缓冲器 SBUF 后，数据从最低位开始，按主频/12 的速率顺次出现在 RXD 引脚上，并且每发送 1 位，TDX 输出一个同步脉冲，发送完毕后 TI = 1。

　　接收时，用软件置位 REN，即开始接收。如图 5.11 所示，外设的 8 个数据状态以串行的方式输入到单片机的串行口输入缓冲器中，并可中断 CPU 读取该数据。

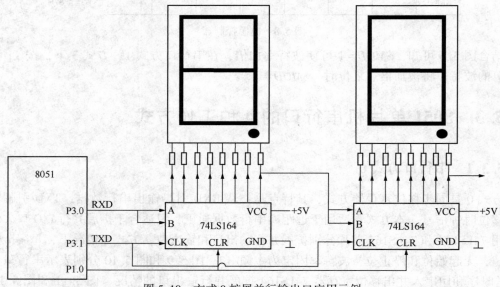

图 5.10　方式 0 扩展并行输出口应用示例

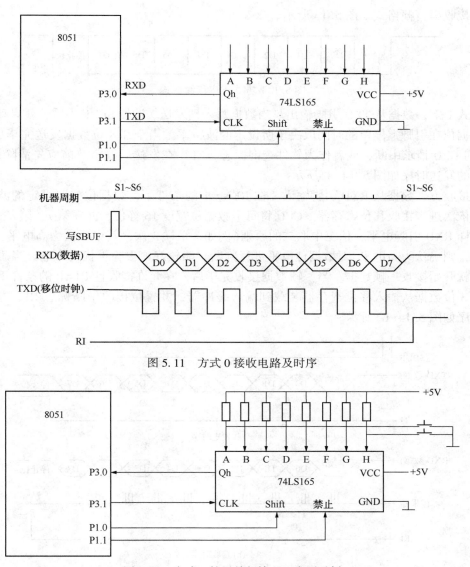

图 5.11　方式 0 接收电路及时序

图 5.12　方式 0 扩展并行输入口应用示例

应用背景：可用扩展的输出口驱动 LED 数码管显示器，如图 5.10 所示。用扩展的输入口去处理键盘输入之类的需求，如图 5.12 所示。其中输出口的扩展可以级联，利用单片机的少量硬件资源扩展更多的 I/O 口线。图 5.10 给出了级联的情况。此外，如果不想因此占用单片机的串行口资源，也可以用任意 I/O 口线代替 RXD 和 TXD，用软件来模拟串行口方式 0 的操作功能。例如用 P1.0 代替 RXD，用 P1.1 代替 TXD。当然这样做的代价是增大软件开销，但可以保留串行口重要资源，因此是值得的。

5.3.2　串行口方式 1

方式 1 是 10 位的 UART，TXD 发送数据，RXD 接收数据。帧格式由 1 个起始位、8 个数据位和 1 个停止位构成。在接收时停止位进入接收方 SCON 中的 RB8 位。在方式 1 下，可根据通讯距离等因素调整波特率的高低，此时使用定时器 T1 作为波特率发生器。方式 1 的发送和接收串行帧格式如图 5.13 所示。

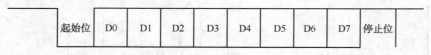

图 5.13　方式 1 串行帧格式

方式 1 下，数据从 TXD 引脚输出。当数据写入到发送缓冲器 SBUF 中后，就启动发送过程。数据位在引脚上停留的时间取决于所设定的波特率。当全部 8 位数据发送完毕后，TI = 1，可向 CPU 请求中断，或者作为软件查询标志，CPU 在发送后续字节前应先清除该标志。方式 1 的发送时序如图 5.14(a) 所示。

在接收方，数据从 RXD 引脚输入。在 REN = 1 的条件下，数据位按照设定的波特率从低到高依次进入接收移位寄存器。CPU 将每个数据位宽度 16 等份，并在第 7、第 8、第 9 等份处采样 RXD 引脚电平，依三中取二的原则(例如，采样 3 次，其中 2 次为高电平，1 次为低电平，则确认为高电平)对数据位电平进行判断，能较好地去除干扰的影响。当确认了起始位后就开始接收一帧数据。当一帧数据接收完毕后，在允许接收且 RI = 0 的条件下，所接收到的 8 位数据从输入移位寄存器装载到输入缓冲器，并置位接收中断标志 RI。方式 1 的接收时序如图 5.14(b) 所示。

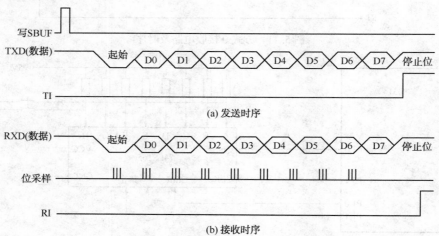

(a) 发送时序

(b) 接收时序

图 5.14　串行口方式 1 的时序

5.3.3　串行口方式 2 和方式 3

方式 2 和方式 3 都是 11 位异步通讯方式，它们的共同特点是发送和接收时具有第 9 位数据，正确运用 SM2 位能实现多机通讯。两者的不同点是，方式 2 的波特率是固定的，方式 3 的波特率由定时器 T1 的溢出率决定，可由用户在很宽的范围内选择，以适应不同通讯距离和应用场合的需要。这两种串行帧格式相同，都是 11 位，其中一个起始位，8 个数据位，一个可编程设置的第 9 位，一个停止位。发送时，第 9 位数据按需要装载到 TB8；接收时，第 9 位数据进入 RB8。方式 2 和方式 3 的串行帧格式如图 5.15 所示。

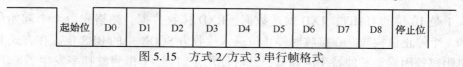

图 5.15　方式 2/方式 3 串行帧格式

图 5.15 中，第 9 位(D8)在发送时是 TB8，接收时是 RB8。应注意，因为写入到 SBUF 就启动发送，因此应先装载 TB8，然后再执行字节写入 SBUF 的操作。发送过程中，先发送数据字节最低位，接着次低位，发送完 D7 位后，串行口自动提取 TB8 紧跟在 D7 位后发送出去。发送完毕后，TI 标志置位，向 CPU 请求中断，也可以作为软件查询标志。串行口方式 2 或方式 3 的发送时序如图 5.16(a)所示。

接收时，置 REN=1 允许接收。当检测到 RXD 引脚有一个负跳变时，开始接收 9 位串行数据，这些数据位顺次进入移位寄存器。当满足 RI=0 且 RB8 与 SM2 位同为 0 或同为 1 时，前 8 位数据送入 SBUF，附加的第 9 位数据送入 RB8，并置位 RI=1。若不满足该条件，则本次接收无效，RI 也不置位。串行口方式 2 或方式 3 的接收时序如图 5.16(b)所示。

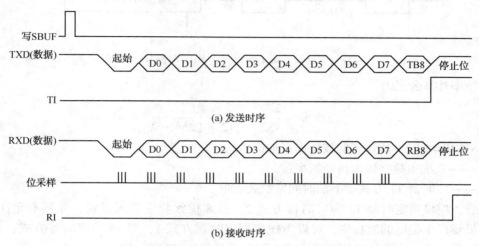

图 5.16　串行口方式 2 和方式 3 的时序

5.4　波特率设定和计算

在串行通讯中，收发双方(或多机通讯场合的主机和各从机)必须采用相同的通讯速率，即波特率。如果波特率有偏差将影响通讯的成功率，如果误差大于 2% 则通讯不会成功。串行口的 4 种工作方式中，方式 0 和方式 2 的波特率是固定的，而方式 1 和方式 3 的波特率是可设置的，由定时器 T1 的溢出率来决定。

(1) 方式 0

串行口工作在方式 0 时，波特率固定为振荡频率的 1/12，且不受 SMOD 位的控制。若主频 $f_{osc}=12\text{MHz}$，则波特率为 $f_{osc}/12=1\text{Mbps}$。

(2) 方式 2

串行口工作于方式 2 时，也采用固定波特率，并与 SMOD 位的取值有关，具体波特率公式为

方式 2 波特率 $= 2^{SMOD}\times f_{osc}/64$

若 $f_{osc}=12\text{MHz}$，取 SMOD=0　　波特率=187.5kbps

　　　　　　　　　　SMOD=1　　波特率=375 kbps

(3) 方式 1 和方式 3

方式 1 和方式 3 的波特率设置方法相同，它们都利用定时器 T1 工作于定时方式 2 并装

载适当的时间常数来获得。寄存器 PCON 中的最高位 $SMOD$ 称为波特率加倍位,在利用公式计算所得的波特率基础上,如果设置 $SMOD=1$,则波特率可加倍。定时器 T1 做波特率发生器时的运行状况如图 5.17 所示。

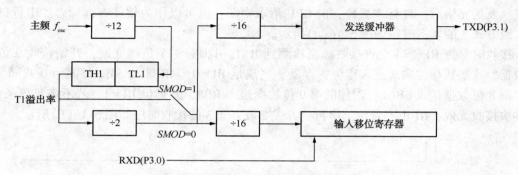

图 5.17　串行口方式 1 和方式 3 下的波特率产生状况

波特率计算公式为

$$波特率 = \frac{2^{SMOD}}{32} \times \frac{f_{osc}}{12 \times (256 - X)}$$

式中　$SMOD=1$ 时,所计算的波特率可加倍;

f_{osc}——系统主频,即振荡器频率;

X——定时器 T1 方式 2 下的时间常数装载值。

注意,应设置定时器 T1 为定时器方式 2,即 8 位常数重装入方式,并且不允许 T1 中断。如果要产生很低的波特率,可以考虑使用定时器方式 1,即 16 位定时器方式,但由于常数不能重新装入,必须使用中断方式,因此容易产生波特率误差。

根据上述公式,可以解出时间常数装载值的表达式为

$$X = 256 - \frac{f_{osc} \times (SMOD + 1)}{384 \times 波特率}$$

【例 5.2】 单片机主频为 12MHz,用 T1 定时器方式 2 作为波特率发生器,求波特率为 2400bps 时的时间常数装载值。

解:取 $SMOD=1$

$X = 256 - [12 \times 10^6 \times (1+1)]/(384 \times 2400) = 229.9583333 \approx 230 = E6H$

因为定时常数只能是整数,因此会带来波特率误差,将所求得的常数值带回到公式中验算,可知实际波特率为 2403.84615……

波特率百分比误差为

$$\delta = \frac{|2403.84615 - 2400|}{2400} = 0.16\%$$

【例 5.3】 单片机主频为 4MHz,求波特率 4800 时 T1 的时间常数装载值。

解:取 $SMOD=1$

$X = 256 - [4 \times 10^6 \times (1+1)]/(384 \times 4800) = 251.6597 \approx 252 = FCH$

此时实际波特率为 5208bps,误差达到 8.5%。

需要注意,如果通讯双方使用相同的波特率,尽管这个波特率与标称值有偏差,但通讯双方无相对误差,则通讯仍可正常进行。但是,如果这样的单片机装置与具有标准波特率的

计算机进行通讯，就会因为波特率的误差而导致通讯失败。

【例5.4】 单片机主频为11.0592MHz，采用 T1 定时器方式 2 作为波特率发生器，求波特率为 2400 时的时间常数。

解：取 SMOD=1，根据公式，有

$$X = 256 - \frac{11059200 \times 2}{384 \times 2400} = 232.00000 = E8H$$

本例中求得整数形式的波特率不是偶然的。可以证明，在采用如 1.2k、2.4k、4.8k、9.6k 等标称波特率时，由于使用 11.0592MHz 振荡晶体，因此计算所得的时间常数装载值必然为整数，亦即波特率误差为 0。

选择 11.0592MHz 的振荡晶体可满足产生精确波特率的要求。不过也有不利的方面，此时机器周期不再是精确的 1μs，而是大约 1.0841μs，因此不易进行精确定时。

在实际使用中，经常根据已知波特率和振荡频率来计算定时器 T1 的初始值。为避免复杂计算，可将常用的波特率和初始值之间的关系列成表格查用，见表 5.3。

表 5.3　常用波特率与 T1 定时器初始值关系表

波特率	f_{osc}	SMOD 位	定时器 T1		
			C/T	工作方式	初始值
方式 0：1M	12MHz	×	×	×	×
方式 0：0.5M	6MHz	×	×	×	×
方式 2：375k	12MHz	1	×	×	×
方式 2：187.5k	6MHz	1	×	×	×
方式 1 或方式 3：62.5k	12MHz	1	0	2	FFH
19.2k	11.0592MHz	1	0	2	FDH
9.6k	11.0592MHz	0	0	2	FDH
4.8k	11.0592MHz	0	0	2	FAH
2.4k	11.0592MHz	0	0	2	F4H
1.2k	11.0592MHz	0	0	2	E8H
137.5	11.0592MHz	0	0	2	1DH
9.6k	6MHz	1	0	2	FDH
4.8k	6MHz	0	0	2	FDH
2.4k	6MHz	0	0	2	FAH
1.2k	6MHz	0	0	2	F4H

5.5　8051 单片机串口应用举例

【例5.5】 设计一程序，将 8051(1) 片内 RAM50H-5FH 中的数据串行发送到 8051(2) 内，保存于 8051(2) 片内 RAM40H-4FH 单元内。

假设两片单片机时钟频率均为 11.0592MHz，并且按照图 5.18 进行了连接。根据题意，选择串行口方式 3 进行通信，接收/发送 11 位信息，开始为 1 位起始位(0)，中间 8 位为数据位，数据位后为奇偶校验位最后一位为停止位(1)。

奇偶校验的过程是：在发送端，TB8 作为奇偶校验位。在数据写入缓冲发送器之前，先将数据的奇偶校验写入 TB8，作为第 9 位数据传送，将这个奇偶性数据传送到接收一方 RB8 位上。在接收一方，接收到一个字符(8 位二进制信息与奇偶校验位)后，从 SUBF 转移到 A 中时，状态寄存器会产生已接收的数据的奇偶值，将此奇偶值与 RB8 中的奇偶值相比较，两者相符，则接收，否则认为接收有错误。

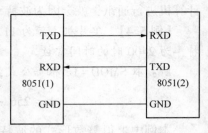

图 5.18　点对点通信

假设波特率选择为 9600bps，定时器 1 工作方式 2，则汇编程序如下：

(1)单片机(1)发送程序

```
TTTT: MOV   TMOD, #20H; 定时器1工作方式2定时
      MOV   TL1, #0FDH;
      MOV   TH1, #0FDH; 设定定时器初值, 波特率9600
      MOV   SCON, #0C0H; 串口工作方式3
      SETB  TR1; 启动定时器1
      MOV   R0, #50H; 首地址50H赋给R0
      MOV   R7, #10H; 数据长度
LOOP: MOV   A, @R0
      MOV   C, PSW.0
      MOV   TB8, C
      MOV   SUBF, A
WAIT: JBC   TI, CONT
      SJMP  WAIT
CONT: INC   R0
      DJNZ  R7, LOOP
```

(2) 单片机(2)接收程序

```
RRRR: MOV   TMOD, #20H; 定时器1工作方式2定时
      MOV   TL1, #0FDH;
      MOV   TH1, #0FDH; 设定定时器初值, 波特率9600
      MOV   SCON, #0D0H; 串口工作方式3
      SETB  TR1; 启动定时器1
      MOV   R0, #40H; 首地址40H赋给R0
      MOV   R7, #10H; 数据长度
LOOP: JBC   RI, RECE
      SIMP  LOOP
RECE: MOV   A, SUBF
      JB    PSW.0, ONEE; 判断接收数据奇偶性
      JB    RB8, ERRR; 判断发送端奇偶性
      SIMP  RIGHT
ONEE: JNB   RB8, ERRR
```

100

```
RIGHT: MOV   @R0, A
INC    R0
         DJNZ   R7, LOOP
ERRR:   (略)
```

C语言程序如下:
(1) 单片机(1) 发送程序
```c
#include <reg51.h>
void init( );
void send( );
unsigned char i;
unsigned char TAB[ ];

main( )
{
  init( );
  send( );
  }

void init( )
{ EA=1;
  ES=1;
  TMOD=0x20;
  TH1=0xfd;
  TL1=0xfd;
  SCON=0xC0;串口工作方式3
  TR1=1;
    }

void send( )
{
Unsigned char len;

len =0x10;
TAB=0x50;

for(i=0;i<len;i++)
{
SBUF=TAB[i];
C= PSW. 0;
```

```c
TB8=C;
while(! TI);
  TI=0;
  }
}
```

(2) 单片机(2)接收程序
```c
#include <reg51.h>
void delay(intx);
void receive( );
void init( );

unsigned char i;
unsigned char TAB[];

main( )
{
init( );
  receive( );
  }

void init( )
{ EA=1;
  ES=1;
  TMOD=0x20;
  TH1=0xfd;
  TL1=0xfd;
  SCON=0xC0;串口工作方式3
  TR1=1;
    }

void init( )
{ EA=1;
  ES=1;
  TMOD=0x20;
  TH1=0xfd;
  TL1=0xfd;
  PCON=0x00;
  SCON=0x50;
  TR1=1;
```

```
        }

void delay(int x)
{   int i,j;
    for(i=0;i<x;i++)
            for(j=1;j<=150;j++ );
            }

void receive( )
{
Unsigned char len;

len =0x10;
TAB=0x40;

for(i=0;i<len;i++)
{
    while(! RI);
    RI=0;
    TAB[i]=SBUF;
    if( PSW. 0! =RB8)
    break;
}
```

1. 什么是串行异步通讯,它有哪些作用?

2. 8051 单片机的串行口由哪些功能部件组成? 各有什么作用?

3. 简述串行口接收和发送数据的过程。

4. 8051 单片机串行口有几种工作方式? 有几种帧格式? 各工作方式的波特率如何确定?

5. 若异步通讯接口按方式 3 传送,已知其每分钟传送 3600 个字符,其波特率是多少?

6. 8051 单片机中 SCON 的 SM2、TB8、RB8 有何作用?

7. 假设串行口以方式 3 发送一个地址帧,地址信息为 15H,请画出该串行帧的波形图。

8. 设单片机主频为 12MHz,求用 T1 产生波特率时的初始值,并计算波特率误差。

9. 什么叫定时器的溢出率,它有何意义?

10. 串行口通讯时,应采用哪个定时器做波特率发生器? 通常工作于何种方式,为什么?

11. 8051 单片机以串行方式 1 发送数据,波特率为 9600bps。若发送 1k 字节数据,问至少要用多少时间?

6 单片机的扩展及接口技术

通过前面的学习我们知道,MCS-51系列单片机共有4个I/O端口,当单片机需要与多个外设进行数据传输时,通常会出现I/O数量不足,这时需要对I/O进行扩展。另外,外设的种类很多,比如:键盘、显示器、打印机、A/D和D/A转换器等,它们的工作速度相差很大,且与单片机的运行速度也不同,因此需要运用接口技术解决外设和单片机之间的速度匹配问题。

我们应用单片机时,单片机有一个最少的资源配置必须满足,也就是能独立工作的最基本的单片机系统配置,称为单片机最小系统。如8031、80C31片内没有程序存储器,因此其最小应用系统除了须有复位和时钟电路外,还必须扩展外部程序存储器。因此本章介绍8051单片机的扩展和接口技术。

6.1 总线概念

一般微机的CPU外部都有单独的地址总线、数据总线和控制总线,而MCS-51系列单片机由于管脚数量的限制,地址总线和数据总线复用P0口。为了将它们分开,以便同外围芯片正确连接,需要在单片机外部增加地址锁存器(如74LS373、8282等),从而构成与一般CPU相似的片外三总线结构,所有的外部芯片都通过这三组总线扩展(图6.1)。

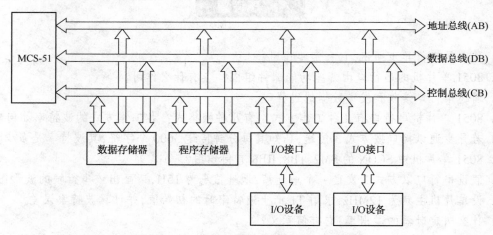

图6.1 MCS-51系列单片机总线扩展示意图

所谓总线就是连接计算机各部件的一组公共信号线。MCS-51系列单片机使用的是并行总线结构,按其功能把系统总线分成三组,即地址总线、数据总线、控制总线。

地址总线(Address Bus,简写AB),用于传送单片机发出的地址信号,以便进行存储单元和 I/O 口端口的选择。地址总线是单向的,地址信号只能有单片机向外送出。地址总线的数目决定着可直接访问的存储器的数目。地址总线 AB:8051 单片机用 P0 口作低 8 位作为地址和数据总线复用口,用 P2 口作高 8 位地址口,P1、P3 一般不用做地址线。因此,地址总线 16 位,可寻址范围 $2^{16} = 64K$。

数据总线(Data,简写 DB),用于在单片机与存储器之间或单片机与 I/O 口之间传送数据。单片机系统数据总线的位数与单片机处理数据的字长一致。比如,MCS-51 系列单片机是 8 位字长,所以,数据总线的位数也是 8 位。数据总线是双向的,可以进行两个方向的数据传送。数据总线 DB:数据总线由 P0 口提供,宽度为 8 位,可双向传输数据。

控制总线(Control Bus,简写 CB),实际上就是一组控制信号线,包括单片机发出的,以及从其他部件传送给单片机的。对于一条具体的控制信号线来说,其传送方向是单向的,但是由不同方向的控制信号线组成的控制总线则表示为双向。

由于采用总线结构形式,可以大大减少单片机系统中传输线的数目,提高了系统的可靠性,增加了系统的灵活性。总线结构使扩展易于实现,各功能部件只要符合总线规范就可以方便的接入系统,实现单片机的系统扩展。

单片机的主要控制信号线有 ALE、$\overline{PSEN}$、$\overline{EA}$、$\overline{RD}$ 和 $\overline{WR}$。下面分别介绍其功能。

ALE(30 脚):ALE(允许地址锁存)的输出用于锁存地址约低位字节。即使不访问外部存储器,ALE 端仍以不变的频率周期性地出现正脉冲信号,此频率为振荡器颐率的 1/6。因此,它可用作对外输出的时钟,或用于定时目的。

$\overline{PSEN}$(29 脚):此脚的输出是外部程序存储器的读选通信号。在从外部程序存储器取指令(或常数)期间,每个机器周期两次 $\overline{PSEN}$ 有效。

$\overline{EA}$(31 引脚):当 $\overline{EA}$ 端保持高电平时,访问内部程序存储器,但在 PC(程序计数器)值超过 0FFFH(对 8051/8752)或 1FFFH(对 8052)时,将自动转向执行外部程序存储器内的程序。当 $\overline{EA}$ 保持低电平时。则只访问外部程序存储器,不管是否有内部程序存储器。对于常用的 8031 单片机来说,无内部程序存储器,所以 $\overline{EA}$ 脚必须常接地,这样才能只选择外部程序存储器。

$\overline{RD}$、$\overline{WR}$:读写信号,作为片外数据存储器和 I/O 口的读写选通信号,执行 MOVX 指令时,这两个信号自动有效。

8031 单片机无内部存储器,工作时要外接存储器,8031 用 P0 口作低 8 位作为地址和数据总线复用口,因此,必须用一锁存器将低 8 位地址予以锁存。系统选用 74LS373 作为锁存器,它的引脚功能如图 6.2 所示。

其中,D1~D8 为信号输入端;Q1~Q8 为信号输出端;$\overline{OE}$ 为三态输出控制端;G 为使能端。

74LS373 的功能可描述为:使能端 G 为高电平时,其输出 Q 跟随输入 D 变化而变化,当使能端 G 由高电平变为低电平时,它将输入状态锁住,直至下次使能端为高电平为止。在该系统中将 8051 单片机的 ALE 信号加到 G 端,用以锁存地址低 8 位。

74LS373 带有三态输出控制端 $\overline{OE}$,$\overline{OE}$ 接高电平,输出端 Q0~Q7

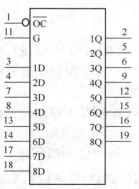

图 6.2　74LS373 引脚示意图

呈高阻态,$\overline{OE}$接低电平,Q0~Q7处于输出状态,作为地址锁存,无须三态,故$\overline{OE}$直接接地。

图6.3是利用上述芯片构成的地址/数据分离电路示意图。其中74LS373的输入端(D0~D7)与单片机的P0口相连,而控制端G则接到单片机的ALE输出引脚上,74LS373的输出端(Q0~Q7)接到外部扩展芯片的低8位地址线(A0~A7)上。

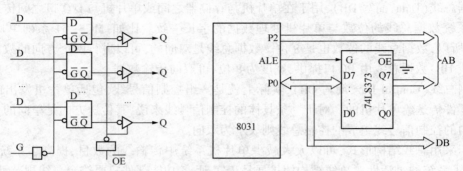

图6.3　P0口地址/数据分离示意图

这个电路实现地址/数据分离的关键就在于ALE信号。从图中可以看出,ALE信号在P0口输出地址信号的那一段时间是高电平,因此,这段时间中,74LS373的输出端的状态和P0口的状态相同,即反映了低8位的地址信号。而当P0口开始准备接收或者发送数据时,ALE端就变成了低电平,因此,即便此时P0口的状态发生变化,74LS373的输出端也不会跟着发生变化,即低8位的地址信号被"锁"住了。

6.2　常用存储器地址分配方法

常用的存储器地址分配方法有两种:线性选择法(简称线选法)和地址译码法(简称译码法),下面分别进行介绍。

6.2.1　线选法

线选法就是直接利用系统的高位地址线作为存储器芯片(或I/O接口芯片)的片选信号。为此,需要把高位地址线与存储器芯片的片选端直接连接即可。可见,线选法的优点明显,不需要地址译码器硬件,体积小,成本低。同时缺点也很明显,可寻址的器件数目受到限制,故只用于不太复杂的系统中。再就是,地址控制不连续,每个存储单元的地址不唯一,这会给程序设计编写带来一些不便。

通过具体的实例进行说明。

假设一单片机系统,需要扩展8KB的EPROM(2片2732),4KB的RAM(2片6116),这些芯片与MCS-51单片机的接口电路如图6.4所示。图中仅给出了与地址分配相关的地址线连线。

首先分析程序存储器2732与8051的连接。由于2732是4KB的程序存储器,有12根地址线A11~A0,分别与单片机的P0口及P2.0~P2.3相连,从而实现4KB单元的选择。由于系统中有2片程序存储器,存在2片程序存储器芯片之间相区别的问题,2732(1)芯片的片选端$\overline{CE}$接A15(P2.7),2732(2)芯片的片选端$\overline{CE}$接A14(P2.6),当要选中某个芯片时,单片机P2口对应的片选信号引脚应为低电平,其他引脚一定要为高电平。

这样才能保证一次只选一片,而不会再选中其他同类存储器芯片,这也就是所谓的线性选址法,简称线选法。

其次分析数据存储器与 8051 的连接。数据存储器也有 2 片芯片需要区别,这里用 P2.5 和 P2.4 分别作为这 2 片芯片的片选信号。当要选中某个芯片时,单片机 P2 口对应的片选信号引脚应为低电平,其他引脚一定要为高电平。由于 6116 是 2KB 的容量,有 11 根地址线作为存储单元的选择,而剩下的 P2 口线(P2.4~P2.7)正好可以作为片选信号线。

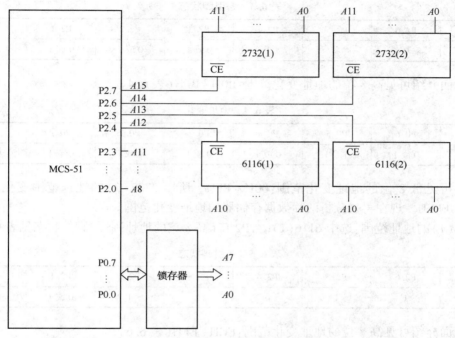

图 6.4　线选法

从图 6.4 中可以看出,程序存储器 2732 的低 2KB 和数据存储器 6116 的地址是重叠的。会不会出现 8051 发出访问 2732 某个单元的地址时,同时也会选中 6116 的某个单元? 也就是 8051 会不会同时选中两个单元,从而发生数据冲突,产生错误! 这种情况不可能发上! 8051 单片机发给两类存储器的控制信号不一样,如果访问程序存储器,则是 $\overline{PSEN}$ 信号有效;如果访问的是数据存储器,则是 $\overline{RD}$ 或 $\overline{WR}$ 信号有效。以上控制信号是由 8051 单片机执行访问外部程序存储器或者访问外部数据存储器的指令产生,任何时刻只能执行一种指令,产生一种控制信号,所以不会产生数据冲突的问题。

现在对两个程序存储器的地址范围进行分析。

2732(1)的地址范围:选中 2732(1)时,P2 口(高 8 位的地址)各引脚的状态见表 6.1。

表 6.1　各引脚状态

P2.7	P2.6	P2.5	P2.4	P2.3	P2.2	P2.1	P2.0
0	1	1	1	0 或 1	0 或 1	0 或 1	0 或 1

由上面介绍可见高 8 位的地址变化范围:70H~7FH(表 6.2)。

表 6.2　地址变化

P0. 7	P0. 6	P0. 5	P0. 4	P0. 3	P0. 2	P0. 1	P0. 0
0 或 1	0 或 1	0 或 1	0 或 1	0 或 1	0 或 1	0 或 1	0 或 1

由上可见低 8 位的地址变化范围:00H ~ FFH。所以 2732(1)的地址范围变化范围为:7000H~7FFFH。2732(2)的地址范围:选中 2732(2)时,P2 口(高 8 位的地址)各引脚的状态见表 6.3。

表 6.3　各引脚状态

P2. 7	P2. 6	P2. 5	P2. 4	P2. 3	P2. 2	P2. 1	P2. 0
1	0	1	1	0 或 1	0 或 1	0 或 1	0 或 1

由上面介绍可见高 8 位的地址变化范围:B0H~BFH(表 6.4)。

表 6.4　地址变化

P0. 7	P0. 6	P0. 5	P0. 4	P0. 3	P0. 2	P0. 1	P0. 0
0 或 1	0 或 1	0 或 1	0 或 1	0 或 1	0 或 1	0 或 1	0 或 1

由上可见低 8 位的地址变化范围:00H ~ FFH。所以 2732(2)的地址范围变化范围为:B000H~BFFFH。现在再来分析两片数据存储器的地址变化范围。

6116(1)的地址范围:选中 6116(1)时,P2 口(高 8 位的地址)各引脚的状态见表 6.5。

表 6.5　各引脚状态

P2. 7	P2. 6	P2. 5	P2. 4	P2. 3	P2. 2	P2. 1	P2. 0
1	1	1	0	1	1	0 或 1	0 或 1

由上面介绍可见高 8 位的地址变化范围:ECH~EFH(表 6.6)。

表 6.6　地址变化

P0. 7	P0. 6	P0. 5	P0. 4	P0. 3	P0. 2	P0. 1	P0. 0
0 或 1	0 或 1	0 或 1	0 或 1	0 或 1	0 或 1	0 或 1	0 或 1

由上可见低 8 位的地址变化范围:00H ~ FFH。所以 6116(1)的地址范围变化范围为:EC00H~EFFFH。

6116(2)的地址范围:选中 2732(2)时,P2 口(高 8 位的地址)各引脚的状态见表 6.7。

表 6.7　各引脚状态

P2. 7	P2. 6	P2. 5	P2. 4	P2. 3	P2. 2	P2. 1	P2. 0
1	1	0	1	1	0 或 1	0 或 1	0 或 1

由上面介绍可见高 8 位的地址变化范围:D8H~DFH(表 6.8)。

表 6.8　地址变化

P0. 7	P0. 6	P0. 5	P0. 4	P0. 3	P0. 2	P0. 1	P0. 0
0 或 1	0 或 1	0 或 1	0 或 1	0 或 1	0 或 1	0 或 1	0 或 1

由上可见低 8 位的地址变化范围:00H ~ FFH。所以 6116(2)的地址范围变化范围为:D800H ~ DFFFH。

由上面介绍可见,线选法的特点是比较明显,电路简单,不需要另外增加硬件电路。但是,缺点也显而易见,该方法对存储器的空间利用是不连续的,不能充分有效的利用存储空间,扩展存储器容量有限,仅仅适合扩展芯片不多,规模不大的单片机系统。

6.2.2 译码法

译码法就是使用译码器对 8051 单片机的高位地址进行译码,译码的译码输出作为存储器芯片的片选信号。这是一种常用的存储器地址分配的方法,他能有效的利用存储器空间,适合于大容量多芯片的存储器扩展。译码电路可以使用现成的译码器芯片。常用的译码器芯片有:74LS138(3-8 译码器)、74LS139(双 2-4 译码器)、74LS154(4-16 译码器),其 CMOS 芯片分别是 74HC138、74HC139、7CHC154。下面介绍常用译码芯片 74LS138。

74LS138 是一种 3-8 译码器,有 3 个数据输入端,经译码产生 8 种状态。其引脚如图 6.5 所示,译码功能见表 6.9。

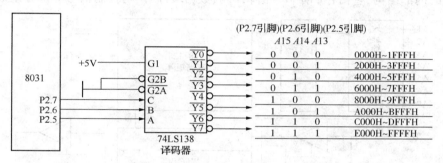

图 6.5 64KB 地址空间的分配

表 6.9 74LS138 真值表

输			入			输			出				
G1	$\overline{G2A}$	$\overline{G2B}$	C	B	A	$\overline{Y7}$	$\overline{Y6}$	$\overline{Y5}$	$\overline{Y4}$	$\overline{Y3}$	$\overline{Y2}$	$\overline{Y1}$	$\overline{Y0}$
1	0	0	0	0	0	1	1	1	1	1	1	1	0
1	0	0	0	0	1	1	1	1	1	1	1	0	1
1	0	0	0	1	0	1	1	1	1	1	0	1	1
1	0	0	0	1	1	1	1	1	1	0	1	1	1
1	0	0	1	0	0	1	1	1	0	1	1	1	1
1	0	0	1	0	1	1	1	0	1	1	1	1	1
1	0	0	1	1	0	1	0	1	1	1	1	1	1
1	0	0	1	1	1	0	1	1	1	1	1	1	1
其 他 状 态			X	X	X	1	1	1	1	1	1	1	1

注:1—高电平;0—低电平;X—任意。

以 74LS138 译码器为例,介绍如何进行地址分配。例如要扩 8 片 8KB 的 RAM6264,如何通过74LS138把64K空间分配给各个芯片? 由74LS138真值表可知,把G1接到+5V,$\overline{G2A}$、$\overline{G2B}$接地,P2.7、P2.6、P2.5分别接到74LS138的C、B、A端,P2.4~P2.0,P0.7~P0.0这13根地址线接到8片6264的A12~A0引脚。

由于对高3为地址译码,这样译码器有8个输出$\overline{Y0}$~$\overline{Y7}$,分别接到8片6264的片选端,而13为地址(P2.4~P2.0,P0.7~P0.0)完成对6264存储单元的选择。这样就把64KB存储器空间分成8个8KB空间了,如图6.5所示。

采用这种译码的方式,8051单片机发地址译码时,每次只能唯一地选中一个存储单元。这样同类存储器之间就不会发生地址重叠的问题。

6.3   8051单片机程序、数据存储器的扩展

半导体的种类很多,但在结构上有共同的特点,下面以6116(静态RAM)为例说明。

静态RAM6116,是典型芯片,存储容量是2KB,其结构如图6.6所示。图6.6是静态RAM6116的内部结构,它由存储矩阵、矩阵译码、数据缓冲、读写控制信号等部分组成。

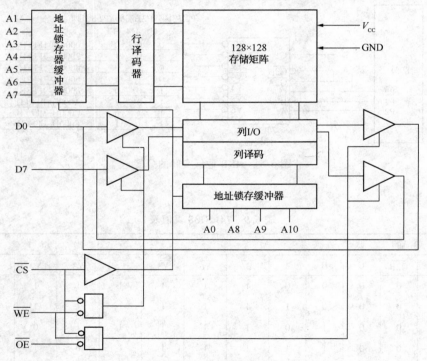

图6.6   6116内部结构

从外部看分成三部分:地址线(A0~A10),数据线(D0~D7),控制线($\overline{CS}$、$\overline{WE}$、$\overline{OE}$)

(1)存储器的扩展方法

单片机与外部存储器连接方式采用三总线结构,如图6.7所示。

数据线的连接:存储器的数据线与D7~D0相连。址线的连接:存储器的低8位地址线接A7~A0,高位地址线由P2口提供。控制线的连接:控制信号分为芯片选通控制和读写控制。

①片选控制线:片选信号由CPU通过地址或地址译码线产生。

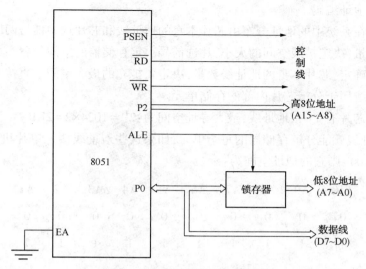

图 6.7　单片机扩展总线构造图

② 读/写控制：以$\overline{PSEN}$信号作扩展程序存储器的读选通信号。以$\overline{EA}$信号作为内外程序存储器的选择信号。以$\overline{RD}$(P3.6)和$\overline{WR}$(P3.7)作为扩展数据存储器和 I/O 端口的读/写控制信号。

在图 6.7 中,P0 口作为地址/数据复用的双向三态总线,用于输出程序存储器的低 8 位地址或指令,P2 口具有输出锁存功能,用于输出高 8 位地址。当 ALE 有效(高电平)时,高 8 位地址从 P2 口输出,低 8 位地址从 P0 口输出,在 ALE 的下降沿(变为低电平)时将 P0 口锁存起来,然后在$\overline{PSEN}$有效(低电平)期间,选通外部程序存储器,将相应单元的数据送到 P0 口,CPU 在$\overline{PSEN}$上升沿(变为高电平)完成对 P0 口数据的采样。

（2）存储器扩展实例

如图 6.8 为用 ROM 型的 2764(8KB)芯片和 RAM 型的 6116(2KB)扩展的电路。

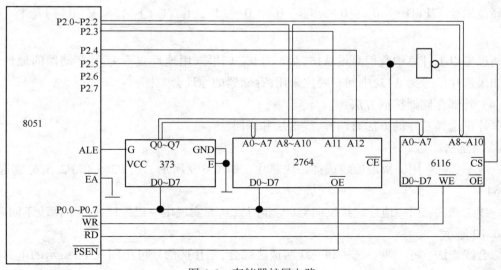

图 6.8　存储器扩展电路

（3）存储器地址编码

存储器芯片在系统中的地址分布由芯片本身的地址线和芯片选中信号两因素决定。芯片本身的地址线数量,决定扩展空间的大小;片选信号决定存储器的空间位置。

存储空间的确定,芯片本身的地址线数量,决定了扩充的最大空间。直接与存储器芯片地址线相连的地址线用于分辩芯片内部的存储单元。

例如:6116 芯片有 11 根地址线,最大寻址空间为:$2^{11}=1024\times2=2KB$

用 11 根地址线就能分辩存储器的每个单元,如果这些地址线接入单片机的低位地址(其他未用的高位取 0),则它的地址空间为:

	A10	A9	A8	A7	A6	A5	A4	A3	A2	A1	A0	地址
起始地址	0	0	0	0	0	0	0	0	0	0	0	0000H
终止地址	1	1	1	1	1	1	1	1	1	1	1	07FFH

空间位置的确定,如图 6.8 所示,6116 有 11 地址线,用 A13 为 1 时为选中信号线;2764 有 13 根地址线,用 A13 为 0 时为选中信号线(其他地址线为 0)。

对于 2764,其地址如下:

	A15	A14	A13	A12	A11	A10	A9	A8	A7	A6	A5	A4	A3	A2	A1	A0
最低位地址 0000H	0	0	0	0	0	0	0	0	0	0	0	0	0	0	0	0
最高位地址 1FFFH	0	0	0	1	1	1	1	1	1	1	1	1	1	1	1	1

对于 6116,其地址如下:

	A15	A14	A13	A12	A11	A10	A9	A8	A7	A6	A5	A4	A3	A2	A1	A0
最低位地址 2000H	0	0	1	0	0	0	0	0	0	0	0	0	0	0	0	0
最高位地址 27FFH	0	0	1	0	0	1	1	1	1	1	1	1	1	1	1	1

请思考以上计算中我们是设 A15、A14 为 0。如果未用地址线不为 0,存储器的地址会怎样?如果选片信号为 A15,中间有两位未用,存储器的地址会怎样?

（4）外部存储器扩展方法

单片机选择芯片的方法有两种,线选法和译码法。

① 线选法

一线一选法:用一根地址线选择一块芯片。如图 6.9 所示。用 P2.5 和 P2.6,分别选择 2 块 2764。

一线二选法:用一地址线接反向器(与非门),从而实现用一根地址线选中两块不同芯片,如图 6.10 所示。

综合线选法:将一线一选法和一线两选法综合,则片选信号可用图 6.11 所示的电路模型来表示。

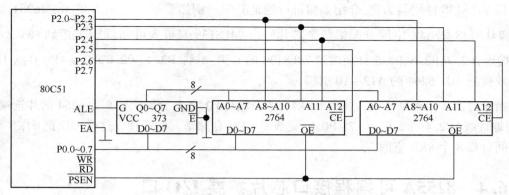

图 6.9　一线一选接线方式的扩展电路

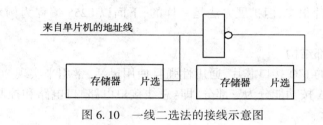

图 6.10　一线二选法的接线示意图

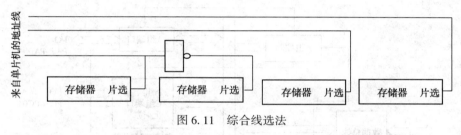

图 6.11　综合线选法

②译码法

采用 74LS138、74HC138、74HC244 等地址译码器来选择存储器芯片。如图 6.12 所示为采用 74LS139 作地址译码的。

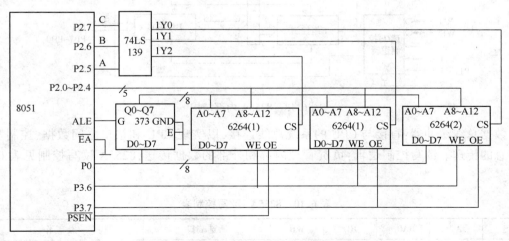

图 6.12　采用地址线组成的存储器扩展电路

以 74LS138 译码器为例,介绍如何进行地址分配。例如要扩 3 片 8KB 的 RAM6264,如何通过 74LS138 把 64K 空间分配给各个芯片? 由 74LS138 真值表可知,把 G1 接到+5V,$\overline{G2A}$、$\overline{G2B}$接地,P2.7、P2.6、P2.5 分别接到 74LS138 的 C、B、A 端,P2.4~P2.0,P0.7~P0.0 这 13 根地址线接到 3 片 6264 的 A12~A0 引脚。

由于对高 3 为地址译码,这样译码器有 8 个输出$\overline{Y0}$~$\overline{Y7}$,分别接到 8 片 6264 的片选端,而 13 根地址线(P2.4~P2.0,P0.7~P0.0)完成对 6264 存储单元的选择。这样可以把 64KB 存储器空间分成 8 个 8KB 空间。

6.4 8255A 可编程接口芯片扩展 I/O 口

可编程 I/O 口芯片很多,但扩展方法是一样的,下面以 8255 编程为例来说明可编程 I/O 口的扩展方法

(1) 8255A 的内部结构

8255A 是可编程的 I/O 接口芯片,通用性强且使用灵活,常用来实现 8051 系列单片机的并行 I/O 扩展。8255A 按功能分为三部分,即:总线接口电路、口电路和控制逻辑电路。其内部结构如图 6.13 所示。

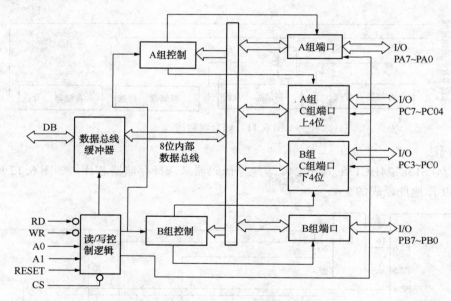

图 6.13 8255A 内部结构

数据总线缓冲器:直接与 CPU 的系统总线连接,以实现 CPU 和接口之间数据、控制及状态信息的传送。读写控制逻辑:负责管理内部和外部的数据传送,8255A 读写控制见表 6.10 所示。

表 6.10 8255A 读/写控制表

CS	A1	A0	RD	WR	所选端口	操　作
0	0	0	0	0	A 口	读端口 A
0	0	1	0	0	B 口	读端口 B

CS	A1	A0	RD	WR	所选端口	操 作
0	1	0	0	0	C口	读端口 C
0	0	0	1	1	A口	写端口 A
0	0	1	1	1	B口	写端口 B
0	1	0	1	1	C口	写端口 C
0	1	1	1	1	控制寄存器	写控制字
1	×	×	×	×	—	数据总线缓冲器输出高阻

A组与B组控制:每组控制电路一方面接收来自读/写控制逻辑电路的读/写命令,另一方面接收芯片内部总线的控制字,据此向对应的口发出相应的命令,以决定对应口的工作方式和读/写操作。

PA、PB、PC 端口:PA 口、PB 口作为独立的数据 I/O 口。而 PC 口作为 PA 口和 PB 口的控制状态口。PA 口:它是一个 8 位数据输入/输出,可编程成 8 位输入/输出寄存器。输入具有数据锁存功能;输出具有数据锁存/缓冲功能。PB 口:它是一个 8 位数据输入/输出口,可编程成 8 位输入/输出寄存器。输入具有缓冲功能;输出具有锁存功能。PC 口:它是一个 8 位数据输入/输出口,可编程成高低两个 4 位输入/输出寄存器。作输入端口时,对数据不锁存;作输出端口时对数据进行锁存。此外,它还可作为 PA 口、PB 口选通方式操作时的状态、控制信号。

（2）8255A 的控制字及初始化

① 工作方式控制字

如图 6.14 所示。

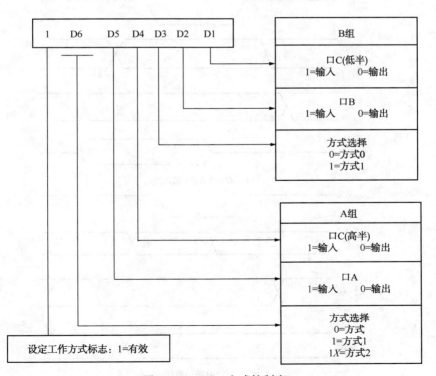

图 6.14　8255A 方式控制字

② PC 口置位/复位控制字

PC 口置位/复位控制字如图 6.15 所示。

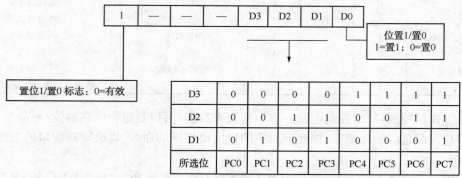

图 6.15　8255A PC 口置位/复位控制字

注意:每次对 PC 口某一位进行置位/复位操作。其控制字是写入控制寄存器中,同时反映在 PC 口中。

③ 8255A 的工作方式

方式 0,是一种基本的 I/O 方式。此时,PA 口、PB 口、PC7～PC4 口及 PC3～PC0 口,都可分别编程为输入或输出口。输入是不锁存的,输出是锁存的。在方式 0 工作方式时,数据输入/输出过程是 CPU 先发地址信号,使 8255A 的 CS 及 A1A0 信号有效。接着输入/输出设备将数据输入/输出到 8255A 的输入缓冲器,系统发读/写信号,数据从接口读入/写出到数据总线。在方式 0 时工作时序如图 6.16 所示。

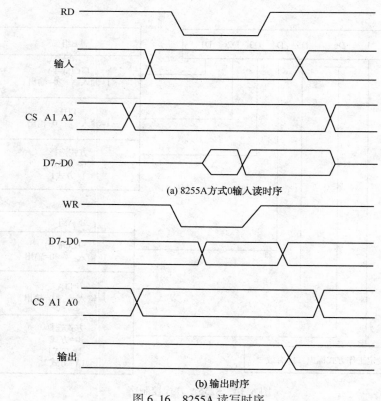

图 6.16　8255A 读写时序

方式 1,是选通 I/O 方式。此时 PA、PB 口可分别编程为选通 I/O 口,PC 口只能作为 PA、PB 的联络信号。

方式 2,是双向工作方式。只有 PA 口有这个功能,此时 PB 口只能工作在方式 0,PC 口中有 5 位作为 PA 口的联络信号线。PC 口作联络线时见表 6.11。

表 6.11　8255 的 PC 口联络信号

C 口位线	方式 1		方式 2	
	输入	输出	输入	输出
PC7		OBFA		OBFA
PC6		ACKA		ACKA
PC5	IBFA		IBFA	
PC4	STBA		STBA	
PC3	INTRA	INTRA	INTRA	INTRA
PC2	STBB	ACKB		
PC1	IBFB	OBFB		
PC0	INTRB	INTRB		

对表中的信号说明如下。

数据输入信号:

STB——输入设备发 STB(低电平有效)信号,将输入数据写入 8255 的锁存器中。

IBF——外设数据已送到缓冲器,IBF 由 STB 置位,由 RD 复位。

INTR——当输入缓冲器满,且 STB 由低变高时,INTR 有效,向 CPU 发出中断申请。

数据输出信号:

OBF——输出缓冲器满信号,CPU 将数据从总线送到 8255 的缓冲器时,它立即变低。通知外设取走信号(低电平有效)。

ACK——应答信号,外设成功接收到数据后由外设发出,低电平有效。

INTR——当外设 ACK 信号由低到高时,INTR 变高,向 CPU 发出中请求。

(3) 8255A 使用时注意事项

8255A 最多只能扩展 3 个 8 位 I/O 日,地址由 CS、A1、A0 所接地址线决定。

PA、PB 是两个独立的 8 位端口,工作方式由方式控制字确定;PC 口根据 PA 口的工作方式而定,PA、PB 工作于方式 0 时,PC 才作为一个 8 位端口,否则,PC 作为 PA 或 PB 的联络信号。

8255A 的初始化编程:首先要根据单片机应用系统具体要求并结合方式控制字的格式确定方式控制字,然后将其写入控制寄存器中,如用 PC 口作为 I/O 口使用,可写入 PC 口置位/复位控制字,此控制字同样写入控制寄存器。

6.5　8051 单片机与 D/A、A/D 转换器的接口

在单片机系统中,除了数字量外,还有很多模拟量,比如温度、压力、流量、速度、电压、电流等。单片机要实现对某一模拟量的测量和控制,比如温度,就必须先将其模拟量转化为数字量,通常称为 A/D 转换。相反的单片机需要输出某一模拟量时,同样需要将数字量转换为模

拟量,通常称为 D/A 转换。目前,A/D 转换和 D/A 转换其电路都已经集成化,具有体积小、功能强、功率低、可靠性高、误差小、与计算机接口简单等优点。

6.5.1 单片机与 D/A 转换器的接口

(1) D/A 转换器(DAC)的主要技术指标

D/A 转换器(DAC)输入的数字量,转换后输出的是模拟量。DAC 的技术指标比较多,比如:分辨率、满刻度误差、线性度、精度、建立时间、输入输出特性等。这里介绍几种主要的技术性能指标。

① 分辨率

分辨率表明 DAC 对模拟量的分辨能力,它是最低有效位(LSB)所对应的模拟量,它确定了能由 D/A 产生的最小模拟量的变化。通常用二进制数的位数表示 DAC 的分辨率,如分辨率为 8 位的 D/A 能给出满量程电压的 $1/2^8$ 的分辨能力,显然 DAC 的位数越多,则分辨率越高。

② 线性误差

D/A 的实际转换值偏离理想转换特性的最大偏差与满量程之间的百分比称为线性误差。

③ 建立时间

这是 D/A 的一个重要性能参数,定义为:在数字输入端发生满量程码的变化以后,D/A 的模拟输出稳定到最终值 $\pm 1/2$LSB 时所需要的时间。

(2) DAC0832 数/模转换器

D/A 转换器是指将数字量转换成模拟量的电路。数字量输入的位数有 8 位、12 位和 16 位等,输出的模拟量有电流和电压两种。

① 数/模转换器原理

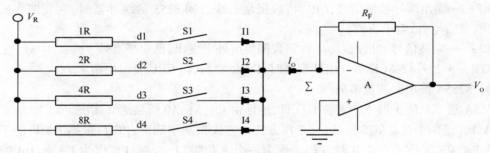

图 6.17　简单的权电阻网络 D/A 转换器

D/A 转换器它的输入量是数字量 D,输出量为模拟量 V_O,要求输出量与输入量成正比,即 $V_O = D \times V_R$,其中 V_R 为基准电压。数字量是由一位一位的数字构成,每个数位都代表一定的权。例如 10000001,最高位的权是 2^7,所以此位上的代码 1 表示数值 1×128。因此,数字量 D 可以用每位的权乘以其代码值,然后各位相加。例如,4 个权电阻网络 D/A 转换器如图 6.17 所示。电阻阻值按 $2n$ 分配,接入与否由数字量控制,运放输入电流:

$$I_O = d_1 I_1 + d_2 I_2 + d_3 I_3 + d_4 I_4 = d_1 \frac{d_R}{1R} + d_2 \frac{d_R}{2R} + d_3 \frac{d_R}{4R} + d_4 \frac{d_R}{8R}$$

$$= \frac{2V_R}{R}(d_1 2^{-1} + d_2 2^{-2} + d_3 2^{-34} + d_4 2^{-4})$$

118

运放输出电压：$V_O = -I_O \times R_F$。设 $R_F = R/2, d_1d_2d_3d_4 = 1000, V_R = 5V$，则

$$V_O = -\frac{2V_R}{R}\left(1 \times \frac{1}{2} + 0 \times \frac{1}{4} + 0 \times \frac{1}{8} + 0 \times \frac{1}{16}\right) \times \frac{R}{2} = -\frac{1}{2}V_R = -2.5V$$

② DAC0832 的内部结构与引脚图

DAC0832 是一种相当普遍且成本较低的数/模转换器。该器件是一个 8 位转换器，它将一个 8 位的二进制数转换成模拟电压，可产生 256 种不同的电压值，DAC0832 具有以下主要特性：

满足 TTL 电平规范的逻辑输入；

分辨率为 8 位；

建立时间为 $1\mu s$；

功耗 20mW；

电流输出型 D/A 转换器。

图 6.18 给出了 DAC0832 的内部结构和引脚图。DAC0832 具有双缓冲功能，输入数据可分别经过两个锁存器保存。第一个是保持寄存器，而第二个锁存器与 D/A 转换器相连。DAC0832 中的锁存器的门控端 G 输入为逻辑 1 时，数据进入锁存器；而当 G 输入为逻辑 0 时，数据被锁存。DAC0832 具有一组 8 位数据线 $D_0 \sim D_7$，用于输入数字量。一对模拟输出端 I_{OUT1} 和 I_{OUT2} 用于输出与输入数字量成正比的电流信号，一般外部连接由运算放大器组成的电流/电压转

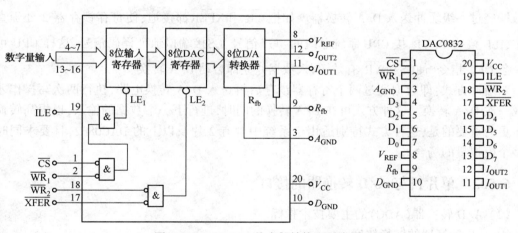

图 6.18 DAC0832 的内部结构和引脚图

换电路。转换器的基准电压输入端 V_{REF} 一般在 $-10 \sim +10V$ 范围内。

各引脚的功能如下：

$D_0 \sim D_7$：　　　　8 位数据输入端。

$\overline{CS}$：　　　　　　片选信号输入端。

$\overline{WR_1}$、$\overline{WR_2}$：　　两个写入命令输入端，低电平有效。

$\overline{XFER}$：　　　　传送控制信号，低电平有效。

I_{OUT1} 和 I_{OUT2}： 互补的电流输出端。

R_{fb}： 反馈电阻,被制作在芯片内,与外接的运算放大器配合构成电流/电压转换电路。

V_{REF}： 转换器的基准电压。

V_{CC}： 工作电源输入端。

A_{GND}： 模拟地,模拟电路接地点。

D_{GND}： 数字地,数字电路接地点。

③ DAC0832 的工作模式

DAC0832 可工作在三种不同的工作模式。

直通方式:当 ILE 接高电平,$\overline{CS}$,$\overline{WR_1}$、$\overline{WR_2}$ 和 $\overline{XFER}$ 都接数字地时,DAC 处于直通方式,8位数字量一旦到达 $D_0 \sim D_7$ 输入端,就立即加到 D/A 转换器,被转换成模拟量。在 D/A 实际连接中,要注意区分"模拟地"和"数字地"的连接,为了避免信号串扰,数字量部分只能连接到数字地,而模拟量部分只能连接到模拟地。这种方式可用于不采用微机的控制系统中。

单缓冲方式:单缓冲方式是将一个锁存器处于缓冲方式,另一个锁存器处于直通方式,输入数据经过一级缓冲送入 D/A 转换器。如把 $\overline{WR_2}$ 和 $\overline{XFER}$ 都接地,使寄存锁存器 2 处于直通状态,ILE 接+5V,$\overline{WR_1}$ 接 CPU 系统总线的"写"信号,$\overline{CS}$ 接端口地址译码信号,这样 CPU 可执行一条 OUT 指令,使 $\overline{CS}$ 和 $\overline{WR_1}$ 有效,写入数据并立即启动 D/A 转换。

双缓冲方式:即数据通过两个寄存器锁存后再送入 D/A 转换电路,执行两次写操作才能完成一次 D/A 转换。这种方式可在 D/A 转换的同时,进行下一个数据的输入,以提高转换速度。更为重要的是,这种方式特别适用于系统中含有 2 片及以上的 DAC0832,且要求同时输出多个模拟量的场合。

6.5.2 单片机与 A/D 转换器的接口

(1) A/D 转换器(ADC)的主要技术指标

① A/D 转换器的转换精度

在单片集成的 A/D 转换器中常采用分辨率和转换误差来描述转换精度。

分辨率常以 A/D 转换器输出的二进制数的位数表示,它说明 A/D 转换器对输入信号的分辨能力,位数越大,则分辨能力越高。其实位数多,就是能够区分模拟输入电压的等级多,或者是能够区分模拟输入电压的最小差别小。若转换器的位数为 n,则可以区分输入电压的等级为 2^n,而每个等级能够区分的最小电压差别为满度输入电压除以 2^n。例如 A/D 转换器的输出为 10 位二进制数,最大输入模拟电压为 5V,那么这个转换器的输出应能区分输入模拟信号的最小差别为 $5V/2^{10} = 4.88mV$。

转换误差通常以输出误差的最大形式给出,它表示实际输出的数字量与理论上应该输出的数字量之间的差别,一般以最低有效位的倍数给出。例如转换误差<±1/2LSB(最低有效位),表示实际输出的数字量与理论输出的数字量之间的误差小于最低有效位的 1/2 倍。

有时转换误差也用满量程的百分数给出。例如 A/D 转换器的输出为十进制的 3½位(称为 3 位半),若该转换器的转换误差为满量程的 ±0.005%,如果满量程为 1999,则最大输出误差小于 1。

通常手册中给出的集成 A/D 转换器的转换误差已经综合地反映了在一定使用条件下对转换精度的影响,所以只要理解误差的含义,会使用给出的误差评估转换精度就可以了。

② A/D 转换器的转换速度

A/D 转换器的转换速度主要取决于转换器的类型,不同的转换器的转换速度相差很多。

并联型 A/D 转换器的转换速度最快,例如 8 位二进制输出的并联型 A/D 转换器的转换速度可达 50ns 以内。

逐次比较式 A/D 转换器的转换速度排第二,多数产品的转换速度都在 $10 \sim 100\mu s$ 以内。个别 8 位转换器转换时间小于 $1\mu s$。

双积分 A/D 转换器、跟踪 A/D 转换器和斜坡 A/D 转换器的转换速度都很慢,一般在数十毫秒至数百毫秒之间。

(2) ADC0809 模/数转换器

A/D 转换器是用来通过一定的电路将模拟量转变为数字量。模拟量可以是电压、电流等电信号,也可以是压力、温度、湿度、位移、声音等非电信号。但在 A/D 转换前,输入到 A/D 转换器的输入信号必须经各种传感器把各种物理量转换成电压信号。A/D 转换后,输出的数字信号可以有 8 位、10 位、12 位和 16 位等。

① 模/数转换器原理

A/D 转换器的工作原理实现 A/D 转换的方法很多,常用的有逐次逼近法、双积分法及电压频率转换法等。逐次逼近法:速度快、分辨率高、成本低,在计算机系统得到广泛应用。逐次逼近法原理电路类同天平称重。在节拍时钟控制下,逐次比较,最后留下的数字砝码,即转换结果。

采用逐次逼近法的 A/D 转换器是由一个比较器、D/A 转换器、缓冲寄存器及控制逻辑电路组成,如图 6.19 所示。它的基本原理是从高位到低位逐位试探比较,好像用天平称物体,从重到轻逐级增减砝码进行试探。逐次逼近法转换过程是:初始化时将逐次逼近寄存器各位清零;转换开始时,先将逐次逼近寄存器最高位置 1,送入 D/A 转换器,经 D/A 转换后生成的模拟量送入比较器,称为 V_o,与送入比较器的待转换的模拟量 V_i 进行比较,若 $V_o < V_i$,该位 1 被保留,否则被清除。然后再置逐次逼近寄存器次高位为 1,将寄存器中新的数字量送 D/A 转换

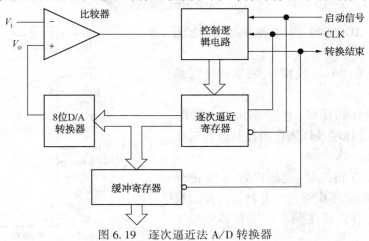

图 6.19 逐次逼近法 A/D 转换器

121

器,输出的 V_o 再与 V_i 比较,若 $V_o<V_i$,该位 1 被保留,否则被清除。重复此过程,直至逼近寄存器最低位。转换结束后,将逐次逼近寄存器中的数字量送入缓冲寄存器,得到数字量的输出。逐次逼近的操作过程是在一个控制电路的控制下进行的。

② ADC0809 的内部结构与引脚图

ADC0809 是一种普遍使用且成本较低的、由 National 半导体公司生产的 CMOS 材料 A/D 转换器。它具有 8 个模拟量输入通道,可在程序控制下对任意通道进行 A/D 转换,得到 8 位二进制数字量。

其主要技术指标如下:

电源电压	5V
分辨率	8 位
时钟频率	640kHz
转换时间	100μs
未经调整误差	1/2LSB 和 1LSB
模拟量输入电压范围	0~5V
功耗	15mW

图 6.20 给出了 ADC0809 转换器的内部结构图。图 6.21 给出了 ADC0809 转换器的引脚图。

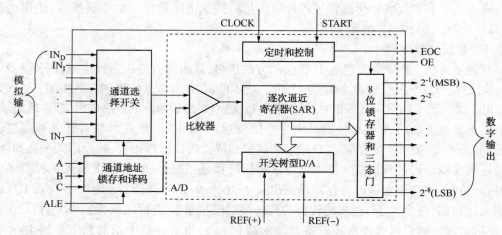

图 6.20 ADC0809 内部结构图

图 6.20 中 ADC0809 内部各单元的功能如下。

通道选择开关:8 选一模拟开关,实现分时采样 8 路模拟信号。

通道地址锁存和译码:通过 ADDA、ADDB、ADDC 三个地址选择端及译码作用控制通道选择开关。

逐次逼近 A/D 转换器:包括比较器、8 位开关树型 D/A 转换器、逐次逼近寄存器。转换的数据从逐次逼近寄存器传送到 8 位锁存器后经三态门输出。

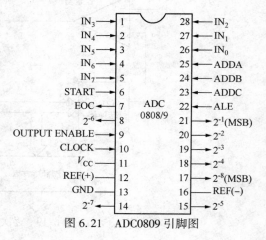

图 6.21 ADC0809 引脚图

122

8 位锁存器和三态门:当输入允许信号 OE 有效时,打开三态门,将锁存器中的数字量经数据总线送到 CPU。由于 ADC0809 具有三态输出,因而数据线可直接挂在 CPU 数据总线上。

图 6.21 给出了 ADC0809 转换器的引脚图,各引脚功能如下。

$IN_0 \sim IN_7$:8 路模拟输入通道。

$D_0 \sim D_7$:8 位数字量输出端。

START:启动转换命令输入端,由 1→0 时启动 A/D 转换,要求信号宽度>100ns。

OE: 输出使能端,高电平有效。

ADDA、ADDB、ADDC:地址输入线,用于选通 8 路模拟输入中的一路进入 A/D 转换。其中 ADDA 是 LSB 位,这三个引脚上所加电平的编码为 000~111,分别对应 $IN_0 \sim IN_7$,例如,当 AD-DC=0,ADDB=1,ADDA=1 时,选中 IN_3 通道。

ALE:地址锁存允许信号。用于将 ADDA~ADDC 三条地址线送入地址锁存器中。

EOC:转换结束信号输出。转换完成时,EOC 的正跳变可用于向 CPU 申请中断,其高电平也可供 CPU 查询。

CLK:时钟脉冲输入端,要求时钟频率不高于 640kHz。

REF(+)、REF(-):基准电压,一般与微机接口时,REF(-)接 0V 或-5V,REF(+)接+5V 或 0V。

思考题

1. 总线的概念是什么?

2. 常用存储器地址分配方法中,什么是线选法,什么是译码法?

3. I/O 接口电路的基本功能。8051 单片机 I/O 口扩展的主要方法?

4. 8255A 有几种工作方式? 它们的功能是什么?

5. 当 8255A 的 A 口工作在工作方式 2 时,C 口的各位功能是什么?

6. 什么是 A/D、D/A 转换,它们各有哪些技术指标,它们的分辨率是由什么决定的?

7. 8051 如何访问外部的 ROM 及外部的 RAM?

8. 试用 Intel2764、6116 为 8031 单片机设计一个存储系统,它具有 8KEPROM(地址为 0000H~1FFFH)和 16K 的程序、数据兼用的 RAM 存储器(地址为 2000H~5FFFH)。具体要求画出硬件电路图,并指出每片芯片的地址空间。

7 单片机应用系统设计方法

　　学习掌握了单片机的基础知识,如何运用这些知识解决实际的工程问题将是本章介绍的主要内容。本章从总体设计、硬件设计、软件设计、可靠性设计、系统调试与测试等几个方面介绍单片机应用系统设计的方法及基本过程,同时还简单介绍 C51 编程方法和 Keil C51 开发系统。重点在于单片机应用系统开发的方法与实际应用,难点在于将单片机应用系统开发的方法应用于实际工程中,设计出最优的单片机应用系统。

7.1　概述

　　由于单片机具有体积小、功耗低、功能强、可靠性高、实时性强、简单易学、使用方便灵巧、易于维护和操作、性能价格比高、易于推广应用、可实现网络通信等技术特点。因此,单片机在自动化装置、智能仪表、家用电器,乃至数据采集、工业控制、计算机通信、汽车电子、机器人等领域得到了日益广泛的应用。

　　单片机应用系统设计应当考虑其主要技术性能(速度、精度、功耗、可靠性、驱动能力等),还应当考虑功能需求,应用需求,开发条件,市场情况,可靠性需求,成本需求,尽量以软件代替硬件等。图 7.1 描述了单片机应用系统设计的一般过程。

7.2　8051 单片机应用系统设计

7.2.1　总体设计

　　(1) 明确设计任务

　　认真进行目标分析,根据应用场合、工作环境、具体用途,考虑系统的可靠性、通用性、可维护性、先进性,以及成本等,提出合理的、详尽的功能技术指标。

　　(2) 器件选择

　　① 单片机选择

　　主要从性能指标如字长、主频、寻址能力、指令系统、内部寄存器状况、存储器容量、有无 A/D、D/A 通道、功耗、价能比等方面进行选择。对于一般的测控系统,选择 8 位机即能满足要求。

　　② 外围器件的选择

　　外围器件应符合系统的精度、速度和可靠性、功耗、抗干扰等方面的要求。应考虑功耗、电压、温度、价格、封装形式等其他方面的指标,应尽可能选择标准化、模块化、功能强、集成度高

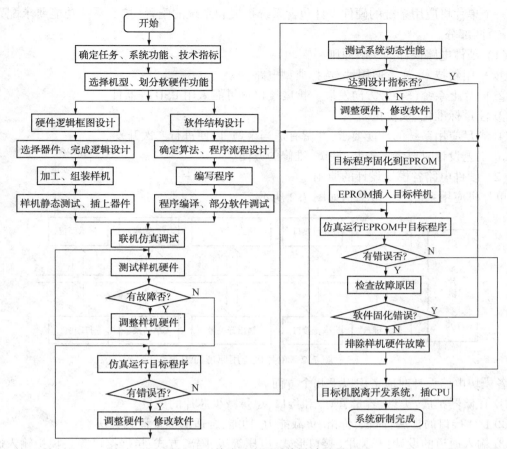

图 7.1 单片机应用系统设计过程

的典型电路。

（3）总体设计

总体设计就是根据设计任务、指标要求和给定条件,设计出符合现场条件的软、硬件方案。并进行方案优化。应划分硬件、软件任务,画出系统结构框图。要合理分配系统内部的硬件、软件资源。包括以下几个方面:

① 从系统功能需求出发设计功能模块。包括显示器、键盘、数据采集、检测、通信、控制、驱动、供电方式等。

② 从系统应用需求分配元器件资源。包括定时器/计数器、中断系统、串行口、I/O 接口、A/D、D/A、信号调理、时钟发生器等。

③ 从开发条件与市场情况出发选择元器件。包括仿真器、编程器、元器件、语言、程序设计的简易等。

④ 从系统可靠性需求确定系统设计工艺。包括去耦、光隔、屏蔽、印制板、低功耗、散热、传输距离/速度、节电方式、掉电保护、软件措施等。

7.2.2 硬件设计

由总体设计所给出的硬件框图所规定的硬件功能,在确定单片机类型的基础上进行硬件设计、试验。进行必要的工艺结构设计,制作出印刷电路板,组装后即完成了硬件设计。

一个单片机应用系统的硬件设计包含系统扩展和系统的配置(按照系统功能要求配置外围设备)两部分。

(1)硬件电路设计的一般原则

① 采用新技术,注意通用性,选择典型电路。

② 向片上系统(SOC)方向发展。扩展接口尽可能采用 PSD 等器件。

③ 注重标准化、模块化。

④ 满足应用系统的功能要求,并留有适当余地,以便进行二次开发。

⑤ 工艺设计时要考虑安装、调试、维修的方便。

(2)硬件电路各模块设计的原则

单片机应用系统的一般结构如图 7.2 所示。

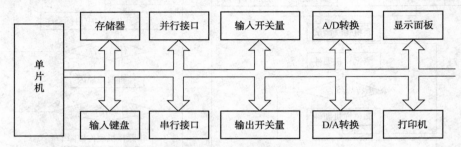

图 7.2　单片机应用原理简图

各模块电路设计时应考虑以下几个方面。

① 存储器扩展:类型、容量、速度和接口,尽量减少芯片的数量。

② I/O 接口的扩展:体积、价格、负载能力、功能,合适的地址译码方法。

③ 输入通道的设计:开关量(接口形式、电压等级、隔离方式、扩展接口等),模拟输入通道(信号检测、信号传输、隔离、信号处理、A/D、扩展接口、速度、精度和价格等)。

④ 输出通道的设计:开关量(功率、控制方式等),模拟量输出通道(输出信号的形式、D/A、隔离方式、扩展接口等)。

⑤ 人机界面的设计:键盘、开关、拨码盘、启/停操作、复位、显示器、打印、指示、报警、扩展接口等。

⑥ 通信电路的设计:根据需要选择 RS-232C、RS-485、红外收发等通信标准。

⑦ 印刷电路板的设计与制作:专业设计软件(Protel,OrCAD 等)、设计、专业化制作厂家、安装元件、调试等。

⑧ 负载容限:总线驱动。

⑨ 信号逻辑电平兼容性:电平兼容和转换。

⑩ 电源系统的配置:电源的组数、输出功率、抗干扰。

⑪ 抗干扰的实施:芯片、器件选择、去耦滤波、印刷电路板布线、通道隔离等。

7.2.3 软件设计

软件设计流程图如图 7.3 所示。可分为以下几个方面。

(1)总体规划

结合硬件结构,明确软件任务,确定具体实施的方法,合理分配资源。定义输入/输出、确定信息交换的方式(数据速率、数据格式、校验方法、状态信号等)、时间要求,检查与纠正错误。

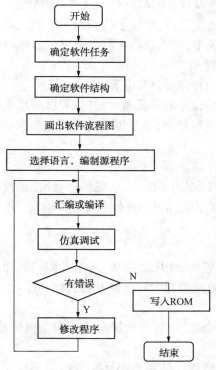

图 7.3　软件流程图

（2）程序设计技术

软件结构实现结构化,各功能程序实行模块化、子程序化。一般有以下两种设计方法。

① 模块程序设计:优点是单个功能明确的程序模块的设计和调试比较方便,容易完成,一个模块可以为多个程序所共享。其缺点是各个模块的连接有时有一定难度。

② 自顶向下的程序设计:优点是比较符合于人们的日常思维,设计、调试和连接同时按一个线索进行,程序错误可以较早的发现。缺点是上一级的程序错误将对整个程序产生影响,一处修改可能引起对整个程序的全面修改。

（3）程序设计

① 建立数学模型:描述出各输入变量和各输出变量之间的数学关系。

② 绘制程序流程图:以简明直观的方式对任务进行描述。

③ 程序的编制:选择语数据结构、控制算法、存储空间分配,系统硬件资源的合理分配与使用,子程序的入/出口参数的设置与传递。

（4）软件装配

各程序模块编辑之后,需进行汇编或编译、调试,当满足设计要求后,将各程序模块按照软件结构设计的要求连接起来,即为软件装配。在软件装配时,应注意软件接口。

7.2.4　可靠性设计

可靠性通常是指在规定的条件(环境条件如温度、湿度、振动,供电条件等)下,在规定的时间内(平均无故障时间)完成规定功能的能力。

提高单片机本身的可靠性措施:降低外时钟频率,采用时钟监测电路与看门狗技术、低电压复位、EFT 抗干扰技术、指令设计上的软件抗干扰等几方面。

单片机应用系统的主要干扰渠道：空间干扰、过程通道干扰、供电系统干扰。应用于工业生产过程中的单片机应用系统中，应重点防止供电系统与过程通道的干扰。

（1）供电系统干扰与抑制

干扰源：电源及输电线路的内阻、分布电容和电感等。

抗干扰措施：采用交流稳压器、电源低通滤波器、带屏蔽层的隔离变压器、独立的（或专业的）直流稳压模块，交流引线应尽量短，主要集成芯片的电源采用去耦电路，增大输入/输出滤波电容等措施。

（2）过程通道的干扰与抑制

干扰源：长线传输。单片机应用系统中，从现场信号输出的开关信号或从传感器输出的微弱模拟信号，经传输线送入单片机，信号在传输线上传输时，会产生延时、畸变、衰减及通道干扰。

抗干扰措施：

① 采用隔离技术。光电隔离、变压器隔离、继电器隔离和布线隔离等。典型的信号隔离是光电隔离。其优点是能有效地抑制尖峰脉冲及各种噪声干扰，从而使过程通道上的信噪比大大提高。

② 采用屏蔽措施。金属盒罩、金属网状屏蔽线。但金属屏蔽本身必须接真正的地（保护地）。

③ 采用双绞线传输。双绞线能使各个小环路的电磁感应干扰相互抵消。其特点是波阻抗高、抗共模噪声能力强，但频带较差。

④ 采用长线传输的阻抗匹配。有四种形式，如图 7.4 所示。

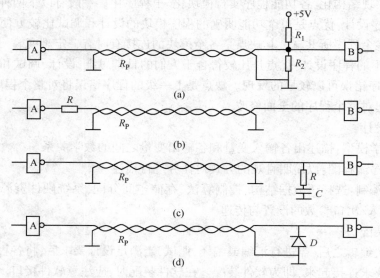

图 7.4　长线传输的形式

a. 终端并联阻抗匹配：如图 7.4（a）所示，$R_P = R_1 // R_2$，其特点是终端阻值低，降低了高电平的抗干扰能力。

b. 始端串联匹配：如图 7.4（b）所示，匹配电阻 R 的取值为 R_P 与 A 门输出低电平的输出阻抗 R_{OUT}（约 20 Ω）之差值，其特点是终端的低电平抬高，降低了低电平的抗干扰能力。

128

c. 终端并联隔直流匹配:如图 7.4(c)所示,$R = R_p$,其特点是增加了对高电平的抗干扰能力。

d. 终端接钳位二极管匹配:如图 7.4(d)所示,利用二极管 D 把 B 门输入端低电平钳位在 0.3V 以下。其特点是减少波的反射和振荡,提高动态抗干扰能力。

注意:长线传输时,用电流传输代替电压传输,可获得较好的抗干扰能力。

(3) 其他硬件抗干扰措施

① 对信号整形

可采用斯密特电路整形。

② 组件空闲输入端的处理

组件空闲输入端的处理方法如图 7.5 所示。其中,图 7.5(a)所示的方法最简单,但增加了前级门的负担。图 7.5(b)所示的方法适用于慢速、多干扰的场合。图 7.5(c)利用印刷电路板上多余的反相器,让其输入端接地,使其输出去控制工作门不用的输入端。

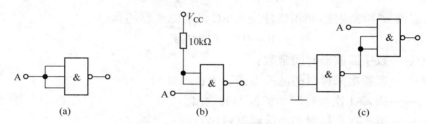

图 7.5 组件空闲端的处理方式

③ 机械触点,接触器、可控硅的噪声抑制

a. 开关、按钮、继电器触点等在操作时应采取去抖处理。

b. 在输入/输出通道中使用接触器、继电器时,应在线圈两端并接噪声抑制器,继电器线圈处要加装放电二极管。

c. 可控硅两端并接 RC 抑制电路,可减小可控硅产生的噪声。

④ 印刷电路板(PCB)设计中的抗干扰问题

合理选择 PCB 板的层数,大小要适中,布局、分区应合理,把相互有关的元件尽量放得靠近一些。印刷导线的布设应尽量短而宽,尽量减少回路环的面积,以降低感应噪声。导线的布局应当是均匀的、分开的平行直线,以得到一条具有均匀波阻抗的传输通路。应尽可能地减少过孔的数量。在 PCB 板的各个关键部位应配置去耦电容。要将强、弱电路严格分开,尽量不要把它们设计在一块印刷电路板上。电源线的走向应尽量与数据传递方向一致,电源线、地线应尽量加粗,以减小阻抗。

⑤ 地线设计

地线结构大致有保护地、系统地、机壳地(屏蔽地)、数字地、模拟地等。

在设计时,数字地和模拟地要分开,分别与电源端地线相连;屏蔽线根据工作频率可采用单点接地或多点接地;保护地的接地是指接大地。不能把接地线与动力线的零线混淆。

此外,应提高元器件的可靠性,注意各电路之间的电平匹配,总线驱动能力要符合要求,单片机的空闲端要接地或接电源,或者定义成输出。室外使用的单片机系统或从室外架空引入室内的电源线、信号线,要防止雷击,常用的防雷击器件有:气体放电管,TVS(瞬态电压抑制器)等。

（4）软件的抗干扰设计

常用的软件抗干扰技术有软件陷阱、时间冗余、指令冗余、空间冗余、容错技术、设置特征标志和软件数字滤波等。

① 实时数据采集系统的软件抗干扰

采用软件数字滤波。常用的方法有以下几种：

a. 算术平均值法：对一点数据连续采样多次（可取 3~5 次），以平均值作为该点的采样结果。这种方法可以减少系统的随机干扰对采集结果的影响。

b. 比较舍取法：对每个采样点连续采样几次，根据所采样数据的变化规律，确定取舍办法来剔除偏差数据。例如，"采三取二"，即对每个采样点连续采样三次，取两次相同数据作为采样结果。

c. 中值法：对一个采样点连续采集多个信号，并对这些采样值进行比较，取中值作为该点的采样结果。

d. 一阶递推数字滤波法：利用软件完成 RC 低通滤波器的算法。

其公式为：
$$Y_n = QX_n + (1-Q)Y_{n-1}$$

式中　　Q——数字滤波器时间常数；

X_n——第 n 次采样时的滤波器的输入；

Y_{n-1}——第 $n-1$ 次采样时的滤波器的输出。

Y_n——第 n 次采样时的滤波器的输出。

注意：选取何种方法必须根据信号的变化规律予以确定。

② 开关量控制系统的软件抗干扰

可采取软件冗余、设置当前输出状态寄存单元、设置自检程序等软件抗干扰措施。

（5）程序运行失常的软件对策

程序运行失常：当系统受到干扰侵害，致使程序计数器 PC 值改变，造成程序的无序运行，甚至进入死循环。

程序运行失常的软件对策：发现失常状态后，及时引导系统恢复原始状态。可采用以下方法：

① 程序监视定时器（Watchdag, WDT）技术

程序监视定时器（也称为"看门狗"）的作用：通过不断监视程序每周期的运行事件是否超过正常状态下所需要的时间，从而判断程序是否进入了"死循环"，并对进入"死循环"的程序作出系统复位处理。

"看门狗"技术可由硬件、软件或软硬结合实现。

a. 硬件"看门狗"可以很好地解决主程序陷入死循环的故障，但是，严重的干扰有时会出现中断关闭故障使系统无法定时"喂狗"，无法探测到这种故障，硬件"看门狗"电路失效。

b. 软件"看门狗"可以保证对中断关闭故障的发现和处理，但若单片机的死循环发生在某个高优先级的中断服务程序中，软件"看门狗"也无法完成其作用。

c. 利用软硬结合的"看门狗"组合可以克服单一"看门狗"功能的缺陷，从而实现对故障的全方位监控。

② 设置软件陷阱

软件陷阱：指将捕获的"跑飞"程序引向复位入口地址 0000H 的指令。

设置方法：

a. 在 EPROM 中，非程序区设置软件陷阱，软件陷阱一般 1KB 空间有 2~3 个就可以进行有效拦截。指令如下：

```
NOP
NOP
LJMP    0000H
```

b. 在未使用的中断服务程序中设置软件陷阱，能及时捕获错误的中断。指令如下：

```
NOP
NOP
RETI
```

③ 指令冗余技术

指令冗余：在程序的关键地方人为插入一些单字节指令，或将有效单字节指令重写，称为指令冗余。

作用：可将"跑飞"程序纳入正轨。

设置方法：通常是在双字节指令和三字节指令后插入 2 个字节以上的 NOP。这样即使程序"跑飞"到操作数上，由于空操作指令 NOP 的存在，避免了后面的指令被当做操作数执行，程序自动纳入正轨。此外，对系统流向起重要作用的指令（如 RET，RETI，LCALL，LJMP，JC 等指令）之前也可插入两条 NOP 指令，确保这些重要指令的执行。

7.2.5　单片机应用系统的调试、测试

单片机应用系统的软、硬件制作完成后，必须反复进行调试、修改，直至完全正常工作，经过测试，功能完全符合系统性能指标要求，应用系统设计才算完成。

（1）硬件调试

① 静态检查

根据硬件电路图核对元器件的型号、极性、安装是否正确，检查硬件电路连线是否与电路图一致，有无短路、虚焊等现象。

② 通电检查

通电检查时，可以模拟各种输入信号分别送入电路的各有关部分，观察 I/O 口的动作情况，查看电路板上有无元件过热、冒烟、异味等现象，各相关设备的动作是否符合要求，整个系统的功能是否符合要求。

（2）软件调试

程序模块编写完成后，通过汇编或编译后，在开发系统上进行调试。调试时应先分别调试各模块子程序，调试通过后，再调试中断服务子程序，最后调试主程序，并将各部分进行联调。

（3）系统调试

当硬件和软件调试完成之后，就可以进行全系统软、硬件调试，对于有电气控制负载的系统，应先试验空载，空载正常后再试验负载情况。系统调试的任务是排除软、硬件中的残留错误，使整个系统能够完成预定的工作任务，达到要求的性能指标。

（4）程序固化

系统调试成功之后，就可以将程序通过专用程序固化器固化到 ROM 中。

（5）脱机运行调试

将固化好程序的 ROM 插回到应用系统电路板的相应位置，即可脱机运行。系统试运行要连续运行相当长的时间（也称为考机），以考验其稳定性。并要进一步进行修改和完善处理。

（6）测试单片机系统的可靠性

单片机系统设计完成时，一般需进行单片机软件功能的测试，上电、掉电测试，老化测试，静电放电（ElectroStatic Discharge，ESD）抗扰度和电快速瞬变脉冲群（Electrical Fast Transient，EFT）抗扰度等测试。可以使用各种干扰模拟器来测试单片机系统的可靠性，还可以模拟人为使用中可能发生的破坏情况。

经过调试、测试后，若系统完全正常工作，功能完全符合系统性能指标要求，则一个单片机应用系统的研制过程全部结束。

7.3 C51 编程简介

8051 的编程语言常用的有两种，一种是汇编语言，另一种是 C 语言（C51）。

汇编语言的特点：机器代码生成效率很高，可读性差，编程难度大。

C51 的特点：C 语言程序本身不依赖于机器硬件系统，基本上不作修改就可将程序从不同的单片机中移植过来。C51 提供了很多数学函数并支持浮点运算，开发效率高，程序的可读性和可维护性较好。而且 C51 还可以嵌入汇编语言来解决高时效性的代码编写问题。

7.3.1 8051 单片机 C51 语言简介

（1）C51 的优点

C51 与 ASM-51（汇编语言）相比，有如下优点：

① 对单片机的指令系统、硬件不要求了解，仅要求对 8051 单片机的存储器结构有初步了解，就能够编程。

② 程序有规范的结构，易于结构化、模块化和移植，已编好的程序可以很容易地植入新程序。

③ 寄存器分配、存储器的寻址及数据类型，中断服务程序的现场保护和恢复，中断向量表的填写都由 C51 编译器处理。

④ 提供丰富的库函数供用户直接调用，不同函数的数据实行覆盖，有效地利用了片上有限的 RAM 空间。具有较强的数据处理能力。

⑤ C51 提供了复杂的数据类型（数组、结构、联合、枚举、指针等），极大地增强了程序处理能力和灵活性；提供 auto、extern、static、const 等存储类型和专门针对 8051 单片机的 data、bdata、idata、pdata、xdata、code 等存储类型，自动为变量合理地分配地址；提供 small、compact、large 等编译模式，以适应片上存储器的大小；完整的编译控制指令为程序调试提供必要的符号信息。

⑥ 头文件中允许定义宏、说明复杂数据类型和函数原型，有利于程序的移植和支持单片机的系列化产品的开发。

⑦ 可方便地接受多种实用程序的服务，有专门的实用程序自动生成；有实时多任务操作系统，可调度多道任务，简化用户编程，提高运行的安全性等。

（2）单片机 C51 语言与 C 语言的异同

单片机的 C51 是继承了标准 C 的绝大部分的特性，基本语法相同，但其本身在特定的硬件结构上又有所扩展（如专门针对 8051 单片机的存储类型等），需要在 C51 的实际编程应用过程中逐步体会。

7.3.2 C51 的基本语法

（1）C51 的程序结构

与一般 C 语言的结构相同，以 main（ ）函数为程序入口，程序体中包含若干语句，还可以包含若干函数。

（2）C51 的数据类型

常用的数据类型有：位型（bit，1 位）、字符型（char，1 字节）、整型（int，2 字节）、长整型（long int，4 字节）、浮点型（float，4 字节）、数组型、指针型等。

（3）C51 数据的存储类型

C51 数据的存储类型见表 7.1。

表 7.1　C51 数据的存储类型

名	存储空间位置	字长	数据范围
data	直接寻址片内 RAM	8 位	0~255
bdata	可位寻址片内 RAM	1 位	0/1
Idata	间接寻址片内 RAM	8 位	0~255
xdata	片内 RAM	16 位	0~65535

（4）C51 包含的头文件

C51 包含的头文件通常有 reg51.h，math.h，ctype.h，stdio.h，stdlib.h，absacc.h。其中，常用的有 reg51.h（定义特殊功能寄存器和位寄存器）和 math.h（定义常用数学运算）。

（5）C51 的运算符

C51 的运算符与 C 语言基本相同：+（加）、-（减）、*（乘）、/（除）、>（大于）、>=（大于等于）、<（小于）、<=（小于等于）、=（等于）、!=（不等于）、&&（逻辑与）、||（逻辑或）、!（逻辑非）、>>（位右移）、<<（位左移）、&（按位与）、|（按位或）、^（按位异或）、~（按位取反）。

（6）C51 的基本语句

C51 的基本语句与标准 C 语言基本相同：if（选择语句）、switch/case（多分支选择语句）、while（循环语句）、for（循环语句）、do-while（循环语句）等。

7.3.3 C51 编译器

C51 交叉编译器是专为 8051 系列单片机设计的一种高效的 C 语言编译器，使用它可以缩短开发周期，降低开发成本，而且开发出的系统易于维护，可靠性高，可移植性好，代码的使用效率高。

（1）C51 语言程序设计的基本技巧

① 采用结构化程序设计。

② 采用模块化程序设计，分别指定个功能模块相应的入口参数和出口参数，而经常使

用的一些程序最好编成函数。

③ 充分利用 C51 语言的预处理命令。

④ 采用宏定义"#define"（或集中起来）将一些常用的常数、各种特殊功能寄存器或程序中一些重要的、依据外界条件可变的常量放在一个头文件中进行定义，然后采用文件包含命令"#include"将其加入到程序中去，便于修改，有利于文件的维护和更新。

（2）C51 语言与汇编语言程序的混合编程

有时为了编程直观或某些特殊地址的处理，C51 程序中还须采用一些汇编语言编程。而在另一些场合，出于某种目的，汇编语言也可调用 C 语言。在这种混合编程中，关键是参数的传递和函数的返回值。它们必须有完整的约定，否则数据的交换就可能出错。

（3）C51 中断处理过程

C51 编译器支持在 C 源程序中直接开发中断，中断服务函数的完整语法如下：

> Void 函数名(void)［模式］
>
> ［再入］interrupt n ［using r］
>
> 其中：n(0~31)——代表中断号；
>
> r(0~3)——代表第 r 组寄存器；
>
> ［再入］——说明中断处理函数有无"再入"能力。

7.3.4 Keil C51 开发系统简介

（1）系统概述

Keil C51 是美国 Keil Software 公司出品的 51 系列兼容单片机 C 语言软件开发系统。其特点是提供丰富的库函数和功能强大的集成开发调试工具，全 Windows 界面；生成的目标代码效率非常高，多数语句生成的汇编代码很紧凑，容易理解。在开发大型软件时更能体现高级语言的优势。

（2）Keil C51 单片机软件开发系统的功能

Keil C51 单片机软件开发系统可以完成编辑、编译、连接、调试、仿真等整个开发流程。开发人员可用集成开发环境 IDE 本身或其他编辑器编辑 C 或汇编源文件。然后分别由 C51 及 A51 编译器编译生成目标文件(.OBJ)。目标文件可由 L51 创建生成库文件，也可以与库文件一起，经 L51 连接定位，生成绝对目标文件(.ABS)。

① RTX51 是一个实时多任务操作系统，可以不用 main( ) 函数，是单片机系统软件向 RTOS 发展是一种趋势。

② dScope51 是一个源级调试器和模拟器，它可以调试由 C51 编译器、A51 汇编器、PL/M-51 编译器及 ASM-51 汇编器产生的程序。它不需目标板，只能进行软件模拟，但其功能强大，可模拟 CPU 及其外围器件，能对嵌入式软件功能进行有效测试。

③ Initfile 为一个初始化文件，它在启动 dScope51 后，在 debugfile 之前装入，装有一些 dScope 的初始化参数及常用调试函数等。

④ tScope51 也为一个初始化文件，与 dScope51 不同的是，tScope51 必须带目标板，目前它可以通过两种方式访问目标板。

a. 通过 EMul51 在线仿真器，tScope51 为该仿真器准备了一个动态连接文件 EMUL51.IOT，但该方法必须配合该仿真器。

b. 通过 Monitov51 监控程序。tScope51 为访问 Monitor51，专门带有 MON51.IOT 连接程

序，使用时可通过串口及监控程序来调试目标板。

⑤ Monitor 51 是一个监控程序，通过 PC 的串口与目标板进行通信，Monitor 操作需要 MON51 或 dScope51 for Windows。

⑥ Ishell for DOS 是一个 DOS 环境下的 IDE，直接在命令行输入 Ishell，则进入该环境。它使用简单方便，其命令行与 DOS 命令行具有同样的功能。

⑦ uVision for Windows 是一个标准的 Windows 应用程序，它是 C51 的一个集成软件开发平台，具有源代码编辑、Project 管理、集成的 Make 等功能，它的人机界面友好，操作方便，是开发者的首选。

（3）Keil C51 与标准 C

对标准 C 的扩展是学习 C51 的关键之一。C51 直接针对 8051 系列 CPU 对标准 C 的扩展包括 8051 存储类型及存储区域、存储模式、存储器类型声明、变量类型声明、位变量与位寻址、特殊功能寄存器（SFR）、C51 指针、函数属性等 8 类。

① Keil C51 扩展关键字

C51 V4.0 的扩展关键字如下（共 19 个）：

at	idata	sfr16	alien	interrupt	small	bdata	large
task	code	bit	pdata	using	reentrant	xdata	compact
sbit	data	sfr					

②内存区域（Memory Areas）

a. 由 code 说明可有多达 64KB 的程序存储器。

b. 内部数据存储器可用以下关键字说明。

data：直接寻址区，为内部 RAM 的低 128 字节 00H~7FH；

idata：间接寻址区，包括整个内部 RAM 区 00H~FFH；

bdata：可位寻址区，20H~2FH。

c. 外部 RAM 视使用情况可由以下关键字标志。

xdata：可指定多达 64KB 的外部直接寻址区，地址范围 0000H~0FFFFH；

pdata：能访问 1 页（256 字节）的外部 RAM，主要用于紧凑模式（Compact Model）。

d. 8051 单片机提供 128 字节的 SFR 寻址区，可由以下几种关键字说明。

sfr：字节寻址，如 sfr P0 = 0x80，指出 P0 口地址为 80H，"="后为 00H~FFH 之间的常数。

sfr16：字寻址，如 sfr16 T2 = 0xCC，指定 T2 口地址为 TL2 = 0xCCH，TH2 = 0xCDH。

sbit：位寻址，如 sbit EA = 0xAF，指定第 0xAFH 位为 EA，即中断允许。

还可以有如下定义方法：

$$\text{sbit OV} = \text{PSW}\hat{}\,2\,（\text{定义 OV 为 PSW 的第 2 位}）。$$

7.3.5 C51 应用举例

【例 7.1】 设单片机的 f_{osc} = 12MHz，要求用 T0 的方式 1 编程，在 P1.0 引脚输出周期为 2ms 的方波。

解：用 C 语言编写的中断服务程序如下

```
#include; //头文件
  sbit P1_0 = P1^0;
```

```
void timer0(void)interrupt 1 using 1
{
  /* T0 中断服务程序入口* /
  P1_0=! P1_0;
  TH0=-(1000/256); /* 计数初值重装* /
  TL0=-(1000%256);
}
void main(void)
{
  TMOD=0x01; /* T0 工作在定时器方式 1* /
  P1_0=0;
  TH0=-(1000/256); /* 预置计数初值* /
  TL0=-(1000%256);
  EA=1; /* CPU 开中断* /
  ET0=1; /* T0 开中断* /
  TR0=1; /* 启动 T0* /
  do{}while(1);
}
```

注意：在编写中断服务程序时必须注意不能进行参数传递，不能有返回值。

【例 7.2】 拆字程序。将 2000H 的内容拆开，高位送 2001H 低位，低位送 2002H 低位。

解：汇编语言程序如下

```
        ORG    1000H
SE02：  MOV    DPTR，#2000H
        MOVX   A，@ DPTR
        MOV    B，A；           (2000H)→A→B
        SWAP   A；              交换
        ANL    A，#0FH；        屏蔽高位
        INC    DPTR
        MOVX   @ DPTR，A；      送 2001H
        INC    DPTR
        MOV    A，B
        ANL    A，#0FH；        (2000H)内容屏蔽高位
        MOVX   @ DPTR，A；      送 2002H
        SJMP   $
        END
```

C51 程序如下：

```
#include <reg51.h>
main( )
{unsigned char xdata *p=0x2000；/*指针指向 2000H 单元*/
   /* 2002H 单元高 4 位清零，低 4 位装 2000H 单元低 4 位 */
```

136

```
* (p+2) = ( * p)&0x0f;
/ * 2001H 单元高 4 位清零, 低 4 位装 2000H 单元高 4 位 */
* (p+1) = ( * p)>>4;
}
```

7.4 单片机集成开发环境——Keilc 的使用指导

7.4.1 如何建立一个 C 项目

8051 的编程语言常用的有两种, 一种是汇编语言, 另一种是 C 语言。汇编语言的机器代码生成效率很高但可读性却并不强, 复杂一点的程序就更是难读懂, 而 C 语言在大多数情况下其机器代码生成效率和汇编语言相当, 但可读性和可移植性却远远超过汇编语言, 而且 C 语言还可以嵌入汇编来解决高时效性的代码编写问题。对于开发周期来说, 中大型的软件编写用 C 语言的开发周期通常要小于汇编语言很多。

使用 C 语言肯定要使用到 C 编译器, 以便把写好的 C 程序编译为机器码, 这样单片机才能执行编写好的程序。Keil μVISION2 是众多单片机应用开发软件中优秀的软件之一, 它支持众多不同公司的 MCS-51 架构的芯片, 它集编辑, 编译, 仿真等于一体, 同时还支持, PLM, 汇编和 C 语言的程序设计, 它的界面和常用的微软 VC++的界面相似, 界面友好, 易学易用, 在调试程序, 软件仿真方面也有很强大的功能。以上简单介绍了 Keil51 软件, 要使用 Keil51 软件, 必需先要安装它。Keil51 是一个商业的软件。安装好后, 我们可以通过 Keil 软件仿真看到程序运行的结果。

首先当然是运行 Keil51 软件。运行几秒后, 出现如图 7.6 所示的屏幕。

图 7.6 启动时的屏幕

按下面的步骤建立您的第一个项目:

(1) 点击 Project 菜单, 选择弹出的下拉式菜单中的 New Project, 如图 7.7 所示。接着弹出一个标准 Windows 文件对话窗口, 如图 7.8 所示。在"文件名"中输入您的第一个 C 程序项目名称, 这里我们用"test"。"保存"后的文件扩展名为 uv2, 这是 Keil μVision2 项目文件扩展名, 以后我们可以直接点击此文件以打开先前做的项目。

(2)选择所要的单片机, 这里我们选择常用的 Ateml 公司的 AT8051。此时屏幕如图 7.9 所示。AT8051 有什么功能、特点呢? 不用急, 看图中右边有简单的介绍。完成上面步骤后, 我们就可以进行程序的编写了。

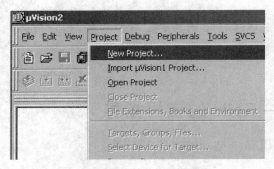

图 7.7 New Project 菜单

图 7.8 文件窗口

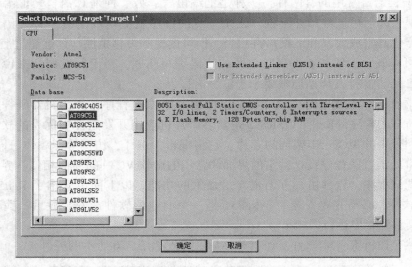

图 7.9 选取芯片

（3）首先我们要在项目中创建新的程序文件或加入旧程序文件。如果你没有现成的程序，那么就要新建一个程序文件。在 Keil 中有一些程序的 Demo，在这里我们还是以一个 C 程序为例介绍如何新建一个 C 程序和如何加到您的第一个项目中吧。点击图 7.10 中 1 的新建文件的快捷按钮，在 2 中出现一个新的文字编辑窗口，这个操作也可以通过菜单 File-New 或快捷键 Ctrl+N 来实现。好了，现在可以编写程序了，光标已出现在文本编辑窗口中，等待我们的输入了。第一程序嘛，写个简单明了的吧。下面是经典的一段程序，如果你看过别的程序书也许也有类似的程序：

```
#include <AT89X51. H>
#include <stdio. h>
void main(void)
{
    SCON = 0x50; //串口方式 1,允许接收
    TMOD = 0x20; //定时器 1 定时方式 2
    TCON = 0x40; //设定时器 1 开始计数
    TH1 = 0xE8; //11. 0592MHz 1200 波特率
    TL1 = 0xE8;
```

138

```
    TI = 1;
    TR1 = 1; //启动定时器
    while(1)
        {
            printf ("Hello World!  \n"); //显示 Hello World
        }
    }
```

这段程序的功能是不断从串口输出"Hello World!"字符，我们先不管程序的语法和意思吧，先看看如何把它加入到项目中和如何编译试运行。

（4）点击图 7.10 中的 3 保存新建的程序，也可以用菜单 File-Save 或快捷键 Ctrl+S 进行保存。因是新文件所以保存时会弹出类似图 7.8 的文件操作窗口，我们把第一个程序命名为 test1.c，保存在项目所在的目录中，这时你会发现程序单词有了不同的颜色，说明 KEIL 的 C 语法检查生效了。如图 7.11 鼠标在屏幕左边的 Source Group1 文件夹图标上右击弹出菜单，在这里可以做在项目中增加减少文件等操作。Add File to Group Source Group 1 弹出文件窗口，选择刚刚保存的文件，按 ADD 按钮，关闭文件窗，程序文件已加到项目中了。这时在 Source Group1 文件夹图标左边出现了一个小+号说明，文件组中有了文件，点击它可以展开查看。

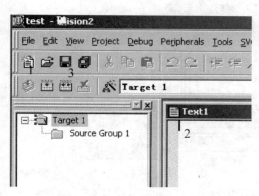

图 7.10 新建程序文件

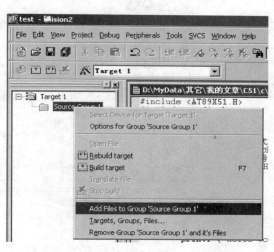

图 7.11 把文件加入到项目文件组中

（5）C 程序文件已被我们加到了项目中了，下面就剩下编译运行了。这个项目我们只是用做学习新建程序项目和编译运行仿真的基本方法，所以使用软件默认的编译设置，它不会生成用于芯片烧写的 HEX 文件，如何设置生成 HEX 文件就请看下面。我们先来看图 7.12，图中 1、2、3 都是编译按钮，不同是 1 是用于编译单个文件。2 是编译当前项目，如果先前编译过一次之后文件没有做动编辑改动，这时再点击是不会再次重新编译的。3 是重新编译，每点击一次均会再次编译链接一次，不管程序是否有改动。在 3 右边的是停止编译按钮，只有点击了前三个中的任一个，停止按钮才会生效。5 是菜单中的它们。这个项目只有一个文件，你按 1、2、3 中任意的一个都可以编译。在 4 中可以看到编译的错误信息和使用的系统资源情况等，以后我们要查错就靠它了。6 是有一个小放大镜的按钮，这就是开启/关闭调试模式的按钮，它也存在于菜单 Debug-Start \ Stop Debug Session，快捷键为 Ctrl+F5。

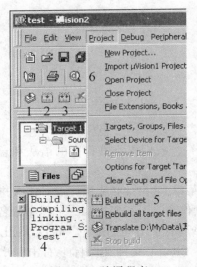

图 7.12 编译程序

(6) 进入调试模式，软件窗口样式大致如图 7.13 所示。图中 1 为运行，当程序处于停止状态时才有效，2 为停止，程序处于运行状态时才有效。3 是复位，模拟芯片的复位，程序回到最开头处执行。按 4 我们可以打开 5 中的串行调试窗口，这个窗口我们可以看到从 51 芯片的串行口输入输出的字符，这里的第一个项目也正是在这里看运行结果。这些在菜单中也有，这里不再一一介绍大家不妨找找看，其他的功能也会在后面的课程中慢慢介绍。首先按 4 打开串行调试窗口，再按运行键，这时就可以看到串行调试窗口中不断的打出"Hello World!"。这样就完成了您的第一个 C 项目。最后我们要停止程序运行回到文件编辑模式中，就要先按停止按钮再按开启/关闭调试模式按钮。然后我们就可以进行关闭 Keil 等相关操作了。

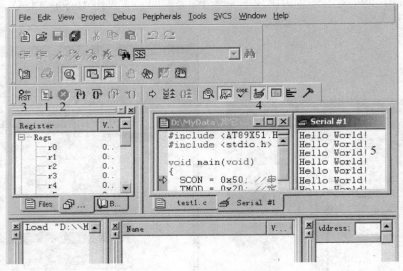

图 7.13 调试运行程序

7.4.2 如何进行工程详细设置

工程建立好以后，还要对工程进行进一步的设置，以满足要求。

首先点击左边 Project 窗口的 Target1，然后使用菜单 "Project – > Option for target 'target1'" 即出现对工程设置的对话框，这个对话框共有 8 个页面，大部份设置项取默认值就行了。Target 页如图 7.14 所示，Xtal 后面的数值是晶振频率值，默认值是所选目标 CPU 的最高可用频率值，该值与最终产生的目标代码无关，仅用于软件模拟调试时显示程序执行时间。正确设置该数值可使显示时间与实际所用时间一致，一般将其设置成与你的硬件所用晶振频率相同，如果没必要了解程序执行的时间，也可以不设。

Memory Model 用于设置 RAM 使用情况，有三个选择项。

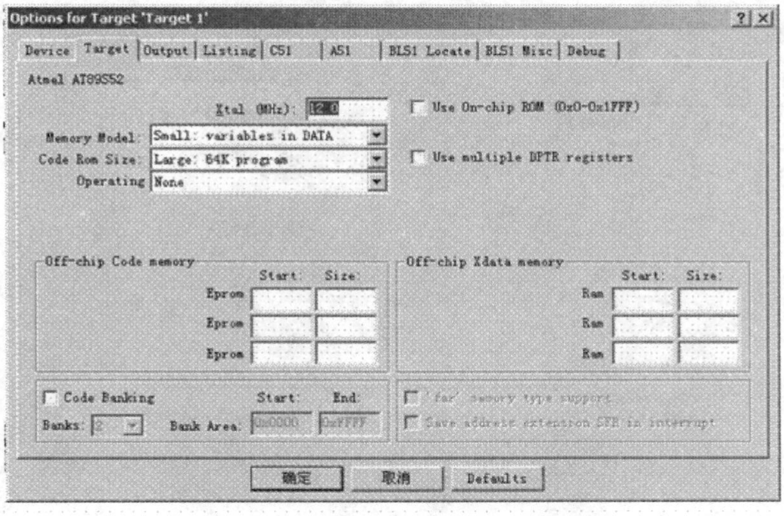

图 7.14 设置目标

Small：所有变量都在单片机的内部 RAM 中；

Compact：可以使用一页（256 字节）外部扩展 RAM；

Larget：可以使用全部外部的扩展 RAM。

Code Model 用于设置 ROM 空间的使用，同样也有三个选择项。

Small：只用低于 2K 的程序空间；

Compact：单个函数的代码量不能超过 2K，整个程序可以使用 64K 程序空间；

Larget：可用全部 64K 空间；

这些选择项必须根据所用硬件来决定，由于本例是单片应用，所以均不重新选择，按默认值设置。

Operating：选择是否使用操作系统，可以选择 Keil 提供了两种操作系统：Rtx tiny 和 Rtx full，也可以不用操作系统（None），这里使用默认项 None，即不用操作系统。

OutPut 页如图 7.15 所示，这里面也有多个选择项，其中 Creat Hex file 用于生成可执行代码文件，该文件可以用编程器写入单片机芯片，其格式为 intelHEX 格式，文件的扩展名为 .HEX，默认情况下该项未被选中，如果要写片做硬件试验，就必须选中该项。

工程设置对话框中的其他各页面与 C51 编译选项、A51 的汇编选项、BL51 连接器的连接选项等用法有关，这里均取默认值，不作任何修改。以下仅对一些有关页面中常用的选项作简单介绍。

Listing 页，该页用于调整生成的列表文件选项。在汇编或编译完成后将产生（∗.lst）的列表文件，在连接完成后也将产生（∗.m51）的列表文件，该页用于对列表文件的内容和形式进行细致的调节，其中比较常用的选项是"C Compile Listing"下的"Assamble Code"项，选中该项可以在列表文件中生成 C 语言源程序所对应的汇编代码，建议会使用汇编语言的 C 初学者选中该项，在编译完成后多观察相应的 List 文件，查看 C 源代码与对应汇编代码，对于提高 C 语言编程能力大有好处。

C51 页，该页用于对 Keil 的 C51 编译器的编译过程进行控制，其中比较常用的是"Code Optimization"组，如图 7.16 所示，该组中 Level 是优化等级，C51 在对源程序进行编译时，

141

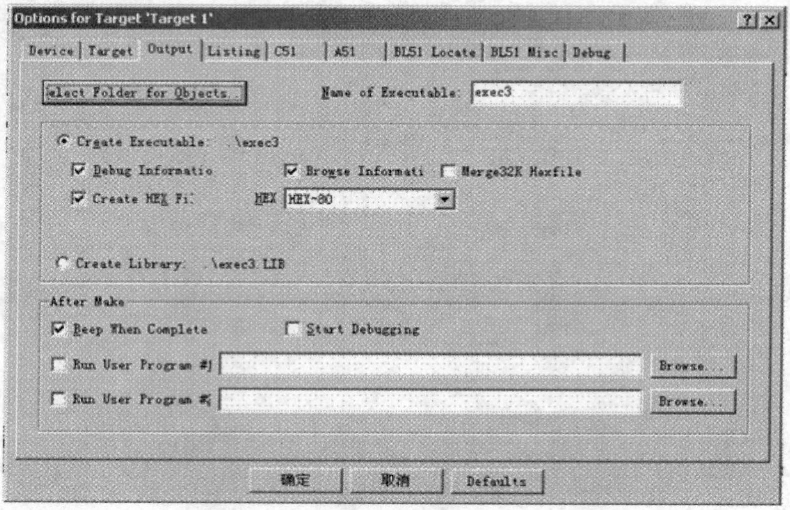

图 7.15　设置输出文件

可以对代码多至 9 级优化，默认使用第 8 级，一般不必修改，如果在编译中出现一些问题，可以降低优化级别试一试。Emphasis 是选择编译优先方式，第一项是代码量优化（最终生成的代码量小）；第二项是速度优先（最终生成的代码速度快）；第三项是缺省。默认采用速度优先，可根据需要更改。

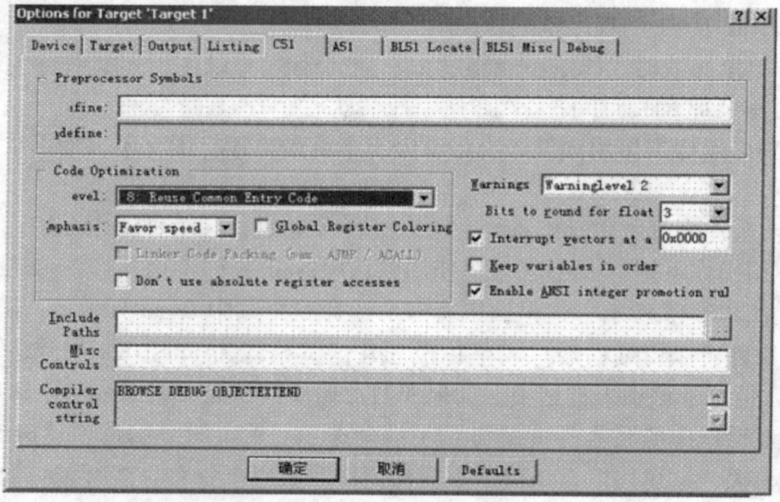

图 7.16　C51 编译器选项

Debug 页，该页用于设置调试器，Keil 提供了仿真器和一些硬件调试方法，如果没有相应的硬件调试器，应选择 Use Simulator，其余设置一般不必更改。

7.5　实例——频率可调的方波信号发生器

用单片机产生频率可调的方波信号。输出方波的频率范围为 $1 \sim 200 Hz$，频率误差比小于 0.5%。要求用"增加""减小"两个按钮改变方波给定频率，按钮每按下一次，给定频率改变的步进步长为 1Hz，当按钮持续按下的时间超过 2s 后，给定频率以 10 次/秒的速度连续

142

增加(减少)，输出方波的频率要求在数码管上显示。用输出方波控制一个发光二极管的显示，用示波器观察方波波形。开机默认输出频率为5Hz。

7.5.1 系统设计

(1)分析任务要求，写出系统整体设计思路。

任务分析：方波信号的产生实质上就是在定时器溢出中断次数达到规定次数时，将输出I/O管脚的状态取反。由于频率范围最高为200Hz，即每个周期为5ms(占空比1∶1，即高电平2.5ms，低电平2.5ms)，因此，定时器可以工作在8位自动装载的工作模式。

涉及以下几个方面的问题：按键的扫描、功能键的处理、计时功能以及数码管动态扫描显示等。问题的难点在按键连续按下超过2s的计时问题，如何实现计时功能。

系统的整体思路：主程序在初始化变量和寄存器之后，扫描按键，根据按键的情况执行相应的功能，然后在数码显示频率的值，显示完成后再回到按键扫描，如此反复执行。中断程序负责方波的产生、按键连续按下超过2s后频率值以10Hz/s递增(递减)。

(2)选择单片机型号和所需外围器件型号，设计单片机硬件电路原理图。

采用MCS 51系列单片机At89S51作为主控制器，外围电路器件包括数码管驱动、独立式键盘、方波脉冲输出以及发光二极管的显示等，如图7.17所示。

数码管驱动采用2个四联共阴极数码管显示，由于单片机驱动能力有限，采用74HC244作为数码管的驱动。在74HC244的7段码输出线上串联100欧姆电阻起限流作用。

独立式按键使用上提拉电路与电源连接，在没有键按下时，输出高电平。发光二极管串联500欧姆电阻再接到电源上，当输入为低电平时，发光二极管导通发光。

(3)分析软件任务要求，写出程序设计思路，分配单片机内部资源，画出程序流程图。

软件任务要求包括按键扫描、定时器的控制、按键连续按下的判断和计时、数码管的动态显示。

程序设计思路：根据定时器溢出的时间，将频率值换算为定时器溢出的次数(T1_over_num)。使用变量(T1_cnt)暂存定时器T1的溢出次数，当达到规定的次数(T1_over_num)时，将输出管脚的状态取反达到方波的产生。主程序采用查询的方式实现按键的扫描和数码管的显示，中断服务程序实现方波的产生和连续按键的计时功能。

单片机内部资源分配：定时器T1用来实现方波的产生和连续按键的计时功能，内部变量的定义：hz_shu：设定的频率数；T1_over_num：根据设定频率计算后的定时器溢出的次数值；T1_cnt：定时器溢出次数；sec_over_num：计时1s的定时器溢出的次数；second：连续按键的计时；state_val：连续按下的标志 0=按键已经弹起；1=按键一直按下；led_seg_code：0~9数字的数码管7段码。主程序和中断服务程序如图7.18和图7.19所示。

(4)设计系统软件调试方案、硬件调试方案及软硬件联合调试方案。

软件调试方案：应用Keil软件中，在"文件/新建文件"中，新建C语言源程序文件，编写相应的程序。在"文件/新建项目"的菜单中，新建项目并将C语言源程序文件包括在项目文件中。

在"项目/编译"菜单中将C源文件编译，检查语法错误及逻辑错误。在编译成功后，产生以"*.hex"和"*.bin"后缀的目标文件。

硬件调试方案：在设计平台中，将单片机的P1.0~P1.1分别与2个独立式键盘通过插线连接起来，将P3.0与脉冲输出连接起来。

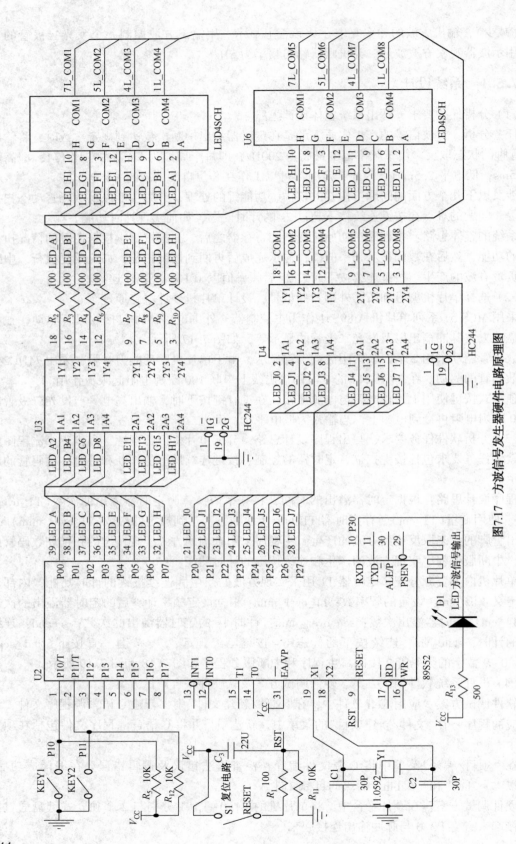

图7.17 方波信号发生器硬件电路原理图

144

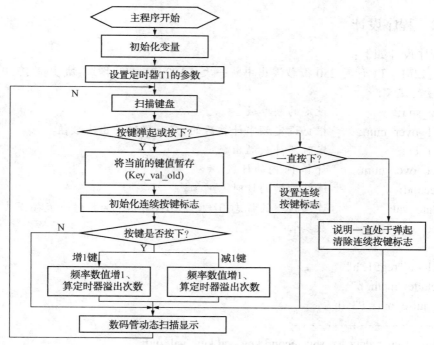

图 7.18　主程序流程图

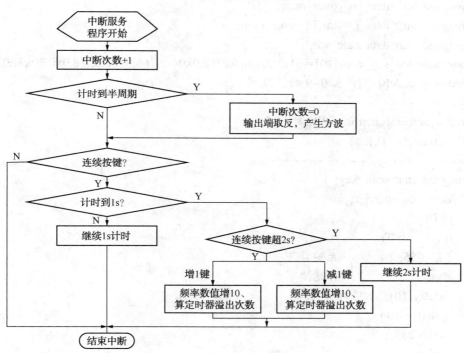

图 7.19　中断程序流程图

　　将程序文件编译成目标文件后，将下载线安装在试验平台上，运行"MCU 下载程序"，选择相应的 flash 数据文件，点击"编程"按钮，将程序文件下载到单片机的 Flash 中。

　　将程序文件编译成目标文件后，将其下载到单片机程序存储器中，然后，上电重新启动单片机，检查所编写的程序是否达到题目的要求，是否全面完整地完成试题的内容。

7.5.2 程序设计

C51 程序设计如下：

//晶振：12M　T1 计时 250 微秒溢出中断一次；P1.0、P1.1 为增加、减少键 P3.0 输出方波

```c
/* 变量的定义:
    hz_shu:            设定的频率数
    T1_over_num:       根据设定频率计算后的,定时器溢的出次数值
    T1_cnt:            定时器计数溢出数
    sec_over_num:      计算 1s 内的计数
    second:            连续按键的计时
    state_val:         连续按下的标志 0=按键已经弹起;1=按键一直按下去
    led_seg_code：     数码管 7 段码
* /
#include "reg51. h"
#include "math. h"
sbit pulse_out=P3^0;
//- - - - - - - - - - - - - - - - - - - -
unsigned char data hz_shu,second,key_val,key_val_old;
unsigned int   data sec_over_num;
unsigned int   data T1_cnt,T1_over_num;
unsigned char data state_val;
char code led_seg_code[10]={0x3f,0x06,0x05b,0x04f,0x66,0x6d,0x7d,0x07,0x7f,0x6f};
//led_seg_code[0-9]代表 0-9 的 7 段码
//- - - - - - - - - - - - - - - - - - - - - - -
void delay(unsigned int i)//延时
{     while(- - i);}
//- - - - - - - - - - - - - - - - - - - - - - -
unsigned char scan_key( )
{   unsigned char i,k;
    i=P1;
    if (i==0xff)
    { k=255; }         //无键按下
    else               //有键按下
    { delay(10);   //延时去抖动
      if(i! =P1)
      {k=255;}
      else
      { switch (i)
         { case 0xfe: k=0; break; //
           case 0xfd: k=1; break;
         }
      }
    }
```

```
        }
    return k;
}
//- - - - - - - - - - - - - - -
void led_show( )
{unsigned char i;
 i=hz_shu%10;           //显示个位
 P0=led_seg_code[i];
 P2=0xfe;
 delay(10);
i=hz_shu%100/10;       //显示十位
 P0=led_seg_code[i];
 P2=0xfd;
 delay(10);
i=hz_shu%1000/100;     //显示百位
 P0=led_seg_code[i];
 P2=0xfb;
 delay(10);
}
//- - - - - - - - - - - - - - - - - - - - - - -
unsigned int get_T1_over_num(unsigned char p) //p 为频率数
{unsigned int * k,h;
 double    f;
f=(double)p;    //转化为浮点数
 f=0. 5/f;        //半个周期的时间
 f=f/0. 00025;    //中断溢出数=f/0. 00025;
 h=f;             //取整
//四舍五入
 if (modf(f,k)>=0. 5)
 { h=h+1; }
 return h;
}
/*  C51 有专门的库文件 MATH. H,里面有个函数
    它是这样定义的 extern float modf(float x, float * ip);
    调用它之后,整数部分被放入* ip, 小数部分作为返回值。
* /
//- - - - - - - - - - - - - - - - - - - - - - - -
void  timer1( ) interrupt 3      //T1 中断
{ T1_cnt++;
  if(T1_cnt>T1_over_num)         //半周期的计数到达
  { T1_cnt=0;
    pulse_out=! pulse_out;       //反复取反,产生方波
```

```
        }
        if(state_val==1)//连续按键
        {   if (sec_over_num<4000) //计时未到 1s
            {   sec_over_num++;   }
            else                        //计时到 1s 时,执行 else 的代码
            {   sec_over_num=0;
                if(second<2)            //当超过 2 秒,second 一直为 2,直到松开按键
                {second++;}             //连续按下键少于 2 秒时,second 继续增 1。
                else                    //连续按下键 2 秒,以 10 次/秒的速度连续增加
                { TR1=0;
                    switch (key_val)
                    { case 0:   if(hz_shu<190)
                                { hz_shu=hz_shu+10;} //增 10Hz/秒
                                else
                                { hz_shu=200;   }
                                T1_over_num=get_T1_over_num(hz_shu);
                                break;
                        case 1:   if(hz_shu>10)
                                { hz_shu=hz_shu-10; } //减 10/秒
                                else
                                { hz_shu=1;}
                                T1_over_num=get_T1_over_num(hz_shu);
                                break;
                    }
                    TR1=1;
                }
            }
        }
}
//- - - - - - - - - - - - - - - - - - - - - - -
main( )
{pulse_out=0; //初始化各变量
hz_shu=5;
T1_cnt=0;
state_val=0;
second=0;
sec_over_num=0;
T1_over_num=get_T1_over_num(hz_shu);
//初始化 51 的寄存器
TMOD=0x20;//用 T1 计时 8 位自动装载定时模式,T0 计数 p3.4 的脉冲数
TH1=0x6;   //250 微秒溢出一次;   250(256- x)* 12/12 - > x=6
TL1=0x6;   //200Hz 的半周期为 2.5 毫秒,要溢出中断 10 次
```

```
EA=1;        //开中断
ET1=1;
TR1=1;       //定时器 T1
while(1)
{ key_val=scan_key( );   //扫描按键
   if (key_val! =key_val_old)
    { //说明有键按下或弹起
      key_val_old=key_val;
      if (key_val! =255)
      { //说明键按下
           state_val=0;      //清除连续按键标志
           sec_over_num=0;
           switch (key_val)
           { case 0: //增 1 键
                   hz_shu++;
                   T1_over_num=get_T1_over_num(hz_shu);
                   break;
              case 1: //减 1 键
                   if(hz_shu>=2)
                   {hz_shu- - ;}
                   else
                   {hz_shu=1;}
                   T1_over_num=get_T1_over_num(hz_shu);
                   break;
           }
      }
      else   //说明键弹起
      {  state_val=0; second=0;
      }
    }
   else //一直按下或弹起
   { if (key_val! =255)
     { state_val=1;   //连续按键
     }
     else
     {state_val=0;}   //没有按键按下,一直处于弹起状态
   }
   led_show( );        //数码管显示,动态扫描
}
}//- - - - 方波发生器- - - - - - - - - - - - - - - - - -
```

8 单片机在材料加工控制中的应用实例

> 通过前面章节的学习，我们对单片机的设计和应用已经有所掌握，本章将介绍两个实例加深对前面知识的理解和掌握。单片机在材料加工中有着广泛的应用，比如材料加热炉的温度控制、气体渗碳炉的控制、塑性成形及铸造过程的控制和材料加工中执行机构的控制等。以上这些应用目前在相关文献中都已经有了典型的应用实例，可以进行查阅，这里不再重复叙述。本章引用的两个实例分别是超薄不锈钢自动点焊设备的研制和铝制散热器封头自动焊接设备研制。它们来自工程应用，有着不同的特点和难点，通过这两个实例的学习可以灵活运用单片机知识和专业背景进行工程应用。

8.1 超薄不锈钢自动点焊设备

飞机起落架轴承保护罩是由多层超薄(0.1mm)不锈钢经过点焊焊接而成。超薄不锈钢材料的焊接，焊接能量过大会使材料焊穿，不能实现连接，焊接能量过小会使材料未焊透，同样不能实现连接。多层超薄不锈钢的点焊，焊接能量控制更为重要。因此以国外进口工件飞机起落架轴承保护罩为研究对象，针对其加工特点研制多层超薄不锈钢件的点焊工艺设备。实际调研发现，目前国内对超薄不锈钢材料焊接方面的相关研究很少，没有实现大批量的成套生产，相关技术还很不成熟。所以对进口工件的加工工艺特点进行研究，设计出了多层超薄不锈钢件的专用自动点焊设备，主要包括三大部分：机械设计、控制单元设计和点焊试验检测。

机械部分主要根据点焊和工件的特点设计出整体机械结构，主要包括自动送料机构和上下电极结构的设计，自动送料机构由步进电机带动，点焊一次步进电机进给一次，达到精确控制工件的移动。上电极由变频调速电机带动，通过变频器控制上电极的上下往复运动的频率。控制部分主要对系统的软硬件进行设计。硬件主要包括电路板重要电路的设计和电机的控制原理，并介绍对系统控制板的制作流程。对储能焊电源特性进行了着重研究，分析研究电容储能焊和恒流充电的特性，设计出适用于该设备的充放电电路。软件主要给出了软件开发的主流程图。介绍液晶显示、键盘输入、自动焊接等程序的设计流程；质量检测是利用研制的设备做的相关点焊试验得出相关最佳焊接参数。通过合理的接头焊点质量评价方法，确保了超薄不锈钢板之间的连接强度。

应用该设备进行焊接试验，试验结果表明研制设备的机械和控制部分设计合理，功能齐全，工作稳定、可靠，焊接质量良好，焊接效率较高，能够满足多层超薄不锈钢材料的点焊工艺和使用要求。

8.1.1 储能自动点焊设备机械结构

根据自动点焊工艺及机械结构设计要求及注意事项，针对焊接工件的具体工况做出了超薄不锈钢板专用焊机的自动点焊设备的机械工装。

机械系统主要包括以下几个主要部分：上电极工作系统、下电极调节系统、自动上料系统以及其他辅助机构。各部件协调合作各自完成不同的功能。

上电极工作系统主要由一个凸轮系统组成，凸轮由电机驱动。凸轮系统每运动一个周期，上电极下行一次，焊机完成点焊一次。下电极调节系统可以有两种调节方法，一种是粗调，另一种是细调。粗调依靠改变整个下电极在立柱上的位置实现初次定位调节。细调是通过下电极下方的调节垫片实现下电极垂直位置的精调。自动上料系统主要由驱动电机、上料小车、夹具和调节系统组成。驱动电机主要控制上料小车的每一步的进给量，给上料小车动力支持。上料小车是自动上料系统的主体框架，它是以焊接底座上的两条平行导轨为路径，以常用的钢结构为支架焊接而成。工件的夹具设在焊接小车的上部和焊接小车构成一个整体，主要完成工件的定位和加紧。其他辅助机构主要包括：调节垫片、立柱、压电晶体传感器等。整个焊接设备的上下电极全部固定在立柱上，它是整个焊机的主体定位部件。调节垫片实现的是电极垂直位置的精确定位。压电晶体传感器实现的是电极焊接压力的实时监测与控制。

图8.1为该自动点焊设备的机械结构总体框图。其中2和8两个传动机构以及电气部分和压电晶体传感器都和控制系统相连组成整个焊接设备。设备机架主体结构如图8.2所示。

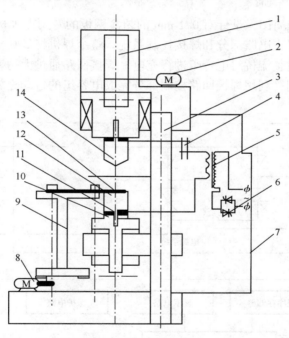

图 8.1 焊接设备简图

1—凸轮机构；2—调速电动机；3—立柱；4—焊接回路；5—焊接变压器；6—主电力开关；7—机身；
8—步进电机；9—自动上料小车；10—调节垫片；11—压电晶体传感器；12—下电极；13—工件；14—上电极

8.1.2 储能自动点焊设备设备的控制系统

所谓的储能焊，就是利用电容在一定时间内储积的能量，然后通电，电流穿过加压在上下电极的工件，瞬间将储积的能量释放。这个过程中，电极和工件、工件和电极之间存在的接触电阻发热而使金属熔化，从而使被焊工件达到永久性的连接。

图 8.3 为储能焊工作原理简图,当开关 S 与 S1 接通,电容充电。当电容电压达到所需要的大小时,S 与 S2 接通电容放电。设备通过对交流电整流后,对所设计的电容组进行充电,通过晶闸管控制电容的充放电过程。

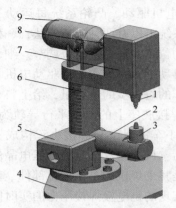

图 8.2　设备机架主体结构

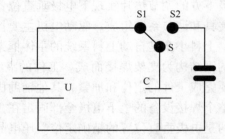

图 8.3　储能焊工作原理简图

1—上电极;2—下工作台;3—下电极;4—底座;
5—升降调整箱;6—立柱;7—凸轮箱体;
8—转轴;9—电机

图 8.4 为焊机原理简图,是针对 0.1 mm 的超薄钢板的专用点焊机。原理图部分包括两大部分,分别是:焊接主电路部分和焊接控制系统。整个焊机将 220 V 工频交流电经过隔离降压变压器降压后通过整流桥对电容组进行充电。焊接回路通过大功率晶闸管的导通与关断来实现放电焊接的控制,利用焊接回路控制部分完成电容组的自动充放电、加压机构的调节和焊接参数的显示。

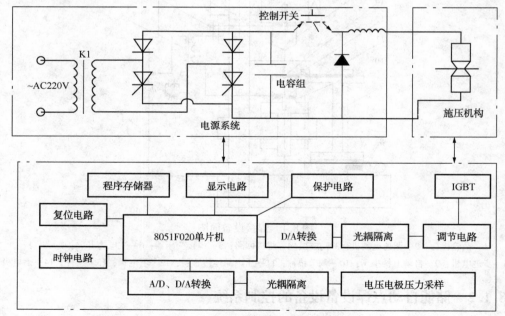

图 8.4　设备焊接电路总体框图

该控制系统主要完成下列功能:显示和读取焊接参数,电极压力,焊接电流,焊接电压等。焊接过程程序的自动控制。焊接电源启动后,单片机复位并初始化,之后软件启动焊

152

机，建立空载电压。根据所焊工件的层数，调节并输入相关参数。单片机得到信号后，按照规定的程序进行周期性的电容充电和放电过程。充电过程中，单片机通过外部接口电路采集所需要的焊接速度、电压、电极压力等，采用电流的反馈电路达到恒流充电，完成充电后，单片机触发控制脉冲控制放电晶闸管的开与闭，从而实现规定的焊接过程。

依据单片机控制系统的扩展和配置原则和注意事项，结合控制系统的构成和需求功能，设计了系统主控板的硬件结构组成框图如图 8.5 所示。

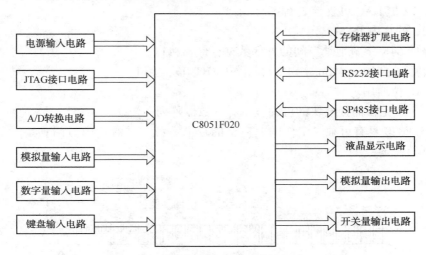

图 8.5　控制系统主控板结构框图

依据图 8.5 可知，整台设备控制系统中的主控板的扩展和配置是围绕着以单片机为内核进行的。为了实现控制系统中多个子系统的功能，此控制系统的设计以 C8051F020 单片机为核心，并在此基础上设计相应的外围模块电路和接口电路等协同电路进行协同工作。

其中，数据采集子系统则由数字量输入电路、模拟量输入电路、键盘输入电路以及相应的信号采集电路构成，液晶显示子系统是由液晶显示模块接口电路、单片机最小应用系统及其供电电路等构成；以上系统主要完成对焊前操作按钮的工作状态（如行程开关的位置、启/停按钮的状态等）、焊接过程中相关焊接参数以及相关执行元件的反馈；A/D、D/A 转换子系统是由相应的信号转换电路构成，此系统可实现将单片机输入的模拟信号转成数字信号，将单片机输出的数字信号转成模拟信号的转换功能；焊接参数设置子系统由键盘输入、液晶显示模块两个接口电路及相应的软件程序组成，实现了相关焊接参数的存储、设置、显示、修改等功能；系统供电系统由电源输入电路、电源转换电路、防过载、防雷击保护电路及滤波电路等组成，此系统主要任务是对控制系统中电压需求不同的模块提供相匹配的供电电源；执行机构控制模块主要由模拟量输出电路、开关量输出电路、相应执行元件的驱动电路和执行机构组成，实现将主控板 CPU 处理后的信号输出，完成程序要求，送入相应的驱动电路以达到驱动执行机构工作的功能；JTAG 电路则是调试和程序在线编程的接口电路，可实现对编辑的程序在线实时输入控制系统，对于核心单片机的存储器中运行程序在内存中的随时调取；外部通信子系统是由 RS232 电路接口、RS485 电路接口以及单片机系统电路组成，实现上位 PC 机与单片机主控板之间的通讯；存储器扩展电路是用来扩展单片机的存储容量，便于更多的用户程序能存储于系统中，并且腾出更大的单片机内存空间，使系统的 CPU 处理数据更加快捷。通过上面的各子模块电路共同组成了控制系统的主控板硬件电路，协同相应的外围控制电路便可实现此设备控制系统对于整体需求功能的控制。

对于主控芯片的选取，该设备的控制核心选择了与 8051 完全兼容的美国 Silicon Laboratories 公司生产的芯片 C8051F020 作为自动焊设备控制系统的主控芯片，100 脚 TQFP 封装，如图 8.6 所示。该单片机具有如下特点：

① 高速、流水线结构的 8051 兼容的 CIP–51 内核（可达 25MIPS）；

② 在系统、全速、非侵入式调试接口；

③ 可编程增益放大器 ADC 为 12 位 100ksps、8 通道带；

④ 两个 12 位 DAC 可程控更新；

⑤ 4352B 的片内 RAM；

⑥ 可寻址 64K 字节地址空间的外部数据存储器接口；

⑦ 各自独立的 IIC/SMBus、SPI 和两路 UART 串行接口；

⑧ 5 个 16 位通用定时器；

⑨ 具有 5 个比较捕捉模块的可编程定时计数器阵列；

⑩ C8051F020 具有可独立工作的、完整的片上系统。具有片内看门狗定时器、时钟发生器和 VDD 监视器。

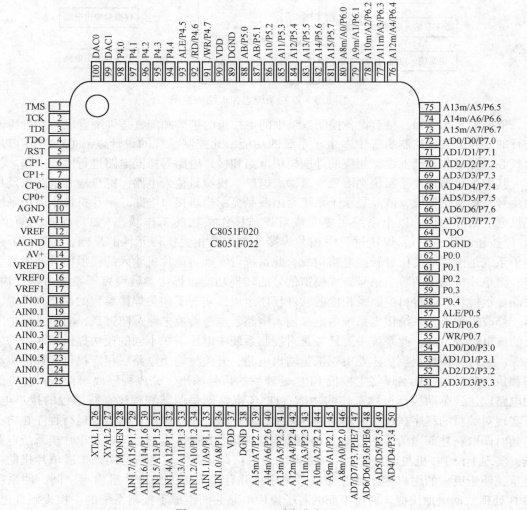

图 8.6　TQFP-100 引脚分布图

8.1.3 试验结果

图 8.7 为 2、3、4 层叠加焊分别在 200 N×66.0 J、250 N×96.0 J、350N×110.5 J(N 为焊接时的压力，牛；J 为焊接时的能量，焦耳)规范下所得接头焊点的金相照片。可看出，接头焊点组织无气孔、裂纹等微观焊接缺陷。从而更加可靠的保证接头焊点在实际使用中的安全性。

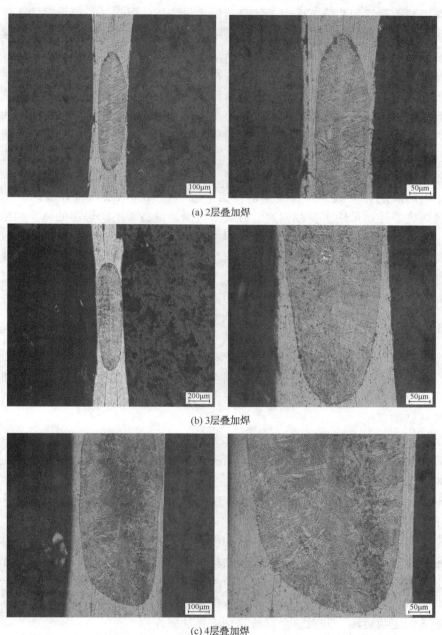

(a) 2层叠加焊

(b) 3层叠加焊

(c) 4层叠加焊

图 8.7　不同叠加层焊点的金相照片

8.2 铝制散热器封头自动焊设备

近年来，汽车散热器材与制造技术发展很快，铝质散热器因材料轻、生产效率高、成本较低等优势得以长足发展。因此采用全铝制散热器作为汽车散热器，不仅可提高散热器整体的结构强度和工作效率，而且可降低汽车整体重量。这已被证明是汽车适应轻量化发展的有效方法。在铝制散热器的制造工序中，散热器封头与芯体的焊接是一道重要的工序。实际调研发现，目前国内汽车散热器生产厂家均采用手工氩弧焊的方法来完成封头的焊接，故其存在焊接效率低、焊缝质量不易保证等诸多缺点。

在此背景下，依据铝制散热器封头的焊接特点，制定了 TIG(钨极氩弧焊)焊接工艺，设计并研制了一台铝制散热器封头自动焊设备。该设备主要由机械和电气两部分组成，机械部分由主框架结构、工件定位夹紧机构、焊接小车等部分组成；电气部分设计了以 C8051F020 单片机为内核的系统主控板，并以该主控板为核心组建了整台设备的自动控制系统。该系统主要由液晶显示子系统、自动焊接子系统、手动操作子系统、焊接参数设置子系统等部分组成，通过各子系统的协调控制，可实现对电机、焊机等外部执行部件的控制，从而带动分别固定在焊车上的两把焊枪做平面直线运动，实现散热器封头两条长直焊缝的自动焊接。其中，对焊接速度的控制采用了变频调速的方式，可满足设备对不同焊速的调整和精确控制要求。此外，为设备设计了操作键盘与液晶显示器相结合的人机交互工作模式。通过该工作模式，操作者可实现焊接参数的设置、界面的选择等功能，从而使设备操作更加便捷。在完成控制系统和整机的组装、调试后，开展了焊接工艺试验，试验结果表明研制的设备能够进行铝制散热器封头的自动焊接，能够较大程度的提高焊接效率。

8.2.1 设备控制系统总方案

依据汽车铝制散热器封头的焊接工艺特点和研制设备的实际工况，设计的铝制散热器封头自动焊设备主要由机械结构系统、自动控制系统、焊机、设备动力气源和电源供给系统等部分组成。该设备总体组成配置如图 8.8 所示。

(1) 机械结构系统

机械结构系统是自动焊设备的硬件基础部分，主要作用是为实现工件的定位、夹紧、焊接、装卸等功能提供机械载体。铝制散热器封头自动焊设备的机械结构系统主要由设备主框架结构、焊件定位夹紧机构、焊接小车、焊接小车横向移动机构、焊枪夹持调节机构等部分组成，自动焊设备的机械结构示意图如图 8.9 所示。

① 主框架结构

主框架结构由设备固定底座、结构立柱和横梁以及连接支架等部分组成，对整个自动焊接装置的零部件起支撑、固定作用。主框架结构中部，前后对称安装有两根焊接小车导轨横梁，横梁上分别安装焊接小车横向移动的导轨和齿条，导轨上通过安装支架和平台组成焊接小车；主框架中上部和顶部分别安装工件定位夹紧机构；主框架结构底部为设备固定底座，可方便设备的固定与运输，并对整个设备起到连接加固作用。

② 焊件定位夹紧机构

焊件定位与夹紧机构主要完成待焊工件的定位、夹紧操作。其中，定位机构由两根 50 角钢组成，分别利用两根角钢的一个直角面与待焊散热器水室底部边沿贴合，并适当预留工

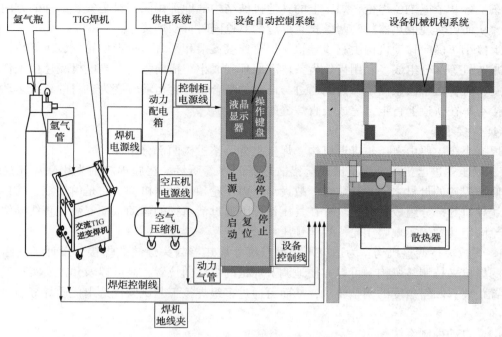

图 8.8　设备总体组成示意图

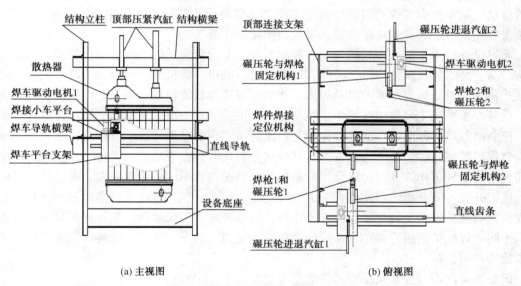

(a) 主视图　　　　　　　　　　(b) 俯视图

图 8.9　自动焊设备机械结构示意图

件的移动间隙，从而通过两个平面将待焊散热器定位于设备上；然后再利用位于待焊散热器顶部的夹紧装置将工件夹紧，该装置主要由两个压紧气缸、橡胶压紧块、连接支架等部分组成，通过压紧气缸的进位操作，可将已定位好的待焊工件夹紧，从而保证工件在自动焊接过程中始终保持位置固定不变。

③ 焊车横向移动机构

为了满足铝制散热器焊接工艺要求，研制的自动焊设备分别设计了 2 套焊接小车横向移动机构。一套用于焊接铝制散热器封头的前端长直焊缝，另一套用于焊接后端长直焊缝。每台焊车上各装 1 把 TIG 焊枪，焊车上的其他机械结构部件都相同，只是安装部件的方向刚好相反，从而可实现散热器封头两条长直焊缝的双枪同时自动焊接。

焊接小车横向移动机构由直线导轨、焊车连接支架和平台、行走齿轮、齿条导轨，以及电机减速机等部分组成。利用齿轮齿条传动原理完成小车横向移动。当电机减速机工作带动齿轮旋转时，由于齿条固定，齿轮通过与齿条的啮合将旋转运动转变为自身的直线运动，带动焊接小车在轨道上行走，完成长直焊缝的焊接。

④ 焊接小车

焊接小车主要由碾压轮进退机构、焊枪夹持调整机构两部分组成。

a. 碾压轮进退机构：为了保证全铝散热器的焊缝质量，在施焊之前先用碾压轮进行预压，使被焊接的母材之间相互贴合，故设计了碾压轮预压进退机构。它是由气缸、连接支架和直线导轨等部分组成。利用气缸在气压作用下通过活塞杆的运动带动安装在直线导轨上的碾压轮固定装置，实现碾压轮的焊前预压。

b. 焊枪夹持调整机构：为适应不同型号尺寸散热器封头焊缝的焊接，设计了一组多自由度的焊枪夹持调整机构，可以方便地调节焊枪的纵横向位置、高度以及角度，实现对焊枪的偏置距离、倾斜角度的调整要求，从而可通过多组焊接工艺试验优选出优质焊缝质量的焊枪角度。

（2）自动控制系统

自动控制系统是通过焊接电源、驱动电机等执行部件来实现整套设备的全功能控制。设计的自动控制系统应实现的需求功能主要有：可实现设备的自动焊接操作、手动调整操作、焊接参数设置、液晶显示焊接参数、键盘与按钮操作等功能。

通过设计以单片机为内核的自动焊控制系统，并配套合适的焊接电源、气源和电源供给系统，结合必备的机械结构件，共同实现对气缸、电机、焊机等执行机构的联动控制，完成对散热器封头两条长直焊缝的自动焊接，并实现焊接参数的设置、显示、密码保护等相关功能。设备控制系统主要集中在一个主控制箱内，主控制箱由液晶显示器、操作键盘和控制按钮、控制电路等部分组成。通过操作控制箱面板可实现自动焊接启动、停止、复位和手动调整、焊接参数修改、参数密码设置、自动焊接参数实时监控等功能。设备工作模式有手动调整和自动焊两种工作方式，可满足用户根据实际情况选择不同的工作方式，并设计了操作键盘、按钮开关与液晶显示器相结合的人机交互工作模式，工人可通过键盘与显示器相配合来完成焊接参数的设置、修改、存储等操作，使焊接速度、引弧时间、熄弧延时时间等参数可根据不同的焊接工艺进行调整，从而使操作更加便捷、简单、易学，同时可实现自动焊接工艺参数的实时监控。

研制设备的自动控制系统应实现的主要功能如下：

① 完成对待焊工件的自动夹紧、松开，主要通过控制夹紧气缸的进/退位来实现；

② 完成对散热器封头两条长直焊缝的自动焊接控制，包括对焊接小车横向移动机构、焊车碾压轮进退机构、焊接电源的启停等执行机构的控制，主要控制对象有焊车驱动电机、气缸、焊机等执行元件；

③ 实现设备对焊件自动焊接前的手动调整控制；

④ 实现对自动焊参数的预置与显示（包括焊接速度、预压时间、引弧时间等参数设置、修改、存储操作），并对自动焊接的参数进行实时监控显示；

⑤ 实现对焊接参数编辑的安全密码保护。

（3）焊机

焊机作为设备的重要配件之一，其主要作用是为自动焊接设备提供焊接热源能量。依据铝合金及铝制散热器封头的焊接特点，优化选择采用无填丝非熔化极氩弧焊的焊接工艺。焊机实体如图 8.10 所示。

由 WSE-315 焊机的使用说明书可知，该焊机所具有主要特点如下：

① 采用先进的逆变及单片机计算机控制技术设计制造而成，其一次及二次逆变均选用了 IGBT 模块作为主功率器件，焊机一次逆变频率为 20kHz，减小了主变压器的体积，从而减小了焊机整机的体积和质量，并大大降低了铜铁损耗，提高了焊机的效率和功率因素，使节能效果显著；

② 该焊机集交流方波、直流脉冲、直流氩弧 、直流氩弧点焊及直流手工焊等功能于一体 ， 直流 TIG、直流脉冲 TIG 焊接分别有 8 种操作方式可选择 ， 交流方波 TIG 焊接有 4 种方式可选择，可方便用户对焊接过程的灵活控制；

③ 引弧容易、飞溅小、不粘焊条、电流稳定、焊接成型好；

图 8.10　WSE-315IGBT 逆变 TIG/MMA 两用焊机

④ 采用数显表显示设定参数/焊接电流，空载电压/电弧电压，操作者可通过电流数显表直接预置准确的焊接参数，具有焊接参数自动存储功能，其面板参数采用触摸键选择，单旋钮调节的模式；

⑤ 具有脚踏控制器接口，可连接脚踏开关进行焊接；

⑥ 具有过流、过压和欠压等保护功能，可有效地保证其安全运行；

⑦ 可应用于航空、航天、散热器、铝合金家具等行业的铝、镁及其合金的焊接。

因此，鉴于上述 WSE-315 焊机的性能及特点，能较好的满足汽车铝制散热器封头的焊接工艺和设计自动焊设备对焊接热源的要求。另外，还应为该焊机配备提供保护气气源的氩气瓶、安全阀、流量计、压力表等附件，实现在焊接过程中对钨极、熔池、热影响区的有效保护，从而保证对焊缝质量的要求。

（4）气源和电源供给系统

气源和电源供给系统是研制设备的动力供给系统，主要功能是给设备的气动元件、电气部件提供动力能源。

其中，气源供给系统主要是为焊件的定位、夹紧气缸提供气压源，通常可选用小型的空气压缩机或通过工厂的高压空气管道经气动三联件后可供气动元件使用，设备设计的工作气源气压约为 0.5MPa 即可满足使用要求；电源供给系统则是为设备提供电力的装置。该设备所用到的电压有 380V 的动力电（如焊机、空气压缩机的电源等）、220V 交流电（如电机、电磁阀等执行元件的工作电源）以及为控制系统提供的弱电电源。其中 380V 的动力电、220V 交流电可直接通过一个配电箱分别输出相应的插座即可满足设备所需的相应电力需求，而控制系统的弱电电源则需将外部输入的 220V 交流电经开关电源转换为+5V、+12V、−12V 后送入系统主控板的电源接口供给相关需求电路使用。

8.2.2　控制系统硬件详细设计

依据设备控制系统总体方案，进行了控制系统的硬件模块的详细设计。通常一个单片机控制系统的主控板的硬件电路主要由两部分构成：一是系统扩展，即当选定单片机内部的功能单元，容量不能满足实际需求时，须在片外进行扩展，设计相应的扩展电路；二是系统配置，即按照设计系统的功能要求配置外围设备，如液晶显示器、操作键盘等。

依据上述单片机控制系统的扩展和配置原则，并结合控制系统的构成和需求功能，设计了系统主控板的硬件结构组成框图如图 8.11 所示。

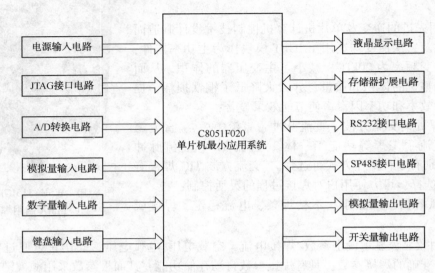

图 8.11　控制系统主控板结构框图

依据上图可知，整台设备的控制系统主控板都是围绕着以单片机为内核进行扩展和配置的。通过设计以单片机 C8051F020 为核心的最小应用系统，并设计相应的外围模块电路和接口电路等电路协同工作实现控制系统多个子系统的功能。

其中，液晶显示子系统是由单片机最小应用系统、液晶显示模块接口电路及其供电电路等构成；数据采集子系统则由模拟量输入电路、数字量输入电路、键盘输入电路以及相应的信号采集电路构成，主要完成对焊前相关执行元件、操作按钮的工作状态(如行程开关的位置、启/停按钮的状态等)以及焊接过程中相关焊接参数的反馈信息进行采集；A/D、D/A转换子系统是由相应的信号转换电路构成，完成对输入单片机的模拟信号转成数字信号以及单片机输出的数字信号转成模拟信号的转换功能；焊接参数设置子系统是由液晶显示模块接口电路、键盘输入接口电路以及相应软件程序组成，实现相关焊接参数的设置、修改、存储、显示等功能；系统供电系统是由电源输入电路、电源转换电路、滤波电路、防过载和防雷击保护电路等组成，主要对控制系统各模块电路不同需求电压提供匹配的供电电源；执行机构控制模块主要由模拟量输出电路、开关量输出电路、相应执行元件的驱动电路和执行机构组成，实现将主控板 CPU 处理后的信号输出，并送入相应的驱动电路去驱动执行机构工作，完成程序要求的功能；JTAG 电路则是程序在线编程和调试的接口电路，可实现对编辑的程序在线实时输入控制系统核心单片机的存储器中，使运行程序时可在内存中供随时调取；外部通信子系统是由单片机系统电路、RS232 和 RS485 电路接口组成，实现单片机主控板与上位 PC 机之间进行通讯；存储器扩展电路则是扩展单片机的存储容量，便于系统存储更多的用户程序，以便将单片机的内存腾出更大的空间，使系统 CPU 处理数据更加快捷。通过上述各子模块电路共同组成控制系统的主控板硬件电路，协同相应的外围控制电路即可实现设备控制系统的整体需求功能控制。

（1）单片机最小系统

在完成了设备控制系统的主控板整体结构设计之后，接下来就应该对组成主控板的各硬件功能模块电路进行分别设计，然后将设计好的各模块电路与主控板的控制核心部件 C8051F020 单片机的相应端口有机的连接起来，并配置相应的驱动电路、辅助电路等即可完成设备控制系统主控板的硬件电路设计。在一个以单片机为控制核心的控制系统主控板设计之中，首先要做的就是依据选定的单片机型号构建一个单片机最小应用系统。单片机的最小系统这个概念其实最早源于 8031 单片机，最小系统是指单片机上电复位并可以运行内部的程序所必须的电路。通常 C8051 单片机的最小系统是由振荡电路、复位电路、供电电路等电路的引线与单片机相应引脚端口连接而成。按 C8051F020 单片机器件要求构建的单片机最小应用系统整体原理图如图 8.12 所示。

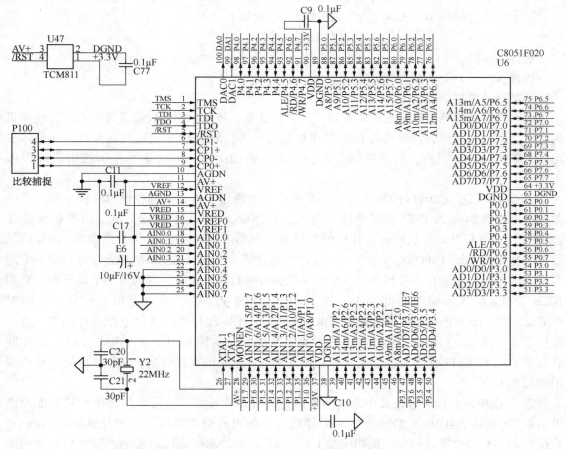

图 8.12　C8051F020 单片机最小应用系统原理图

① 时钟电路：选定的 C8051F020 单片机有 1 个内部振荡器和 1 个外部振荡器驱动电路，每个驱动电路均可产生系统时钟。当单片机——RST 引脚为低电平时，两个振荡器都被禁止。单片机可以从内部振荡器或外部振荡器运行，可使用振荡器控制寄存器 OSCICN 中的 CLKSL 位在两个振荡器之间随意切换。通常在需要频率精度较高时，最好采用外部振荡器。外部振荡器需要有外部震荡源连接到单片机的 XTAL1/XTAL2 引脚上才能工作。因为

161

C8051F020 单片机芯片内部集成了振荡电路，它是利用一个高增益反向放大器构成的振荡电路，而引脚 XTAL1 和 XTAL2 分别是放大器的输入端和输出端。外部振荡源可以是外部谐振器、并行方式的晶体、电容或 RC 网络。时钟电路采用外接一个谐振频率为 22MHz 的石英晶体和两个容量为 30pF 的电容组成的并联谐振电路，并接在放大器的反馈回路中，使片内的放大器与作为反馈元件的片外晶体谐振器一起构成一个自激振荡器，为整个单片机提供时序脉冲，其具体电路接法如图 8.13 所示。

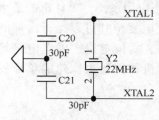

图 8.13　时钟电路示意图

另外，在采用该时钟电路应注意如下两点：其一，当晶体振荡器被允许时，晶体驱动器的输出端 XTAL2 脚会出现一个瞬间脉冲，该脉冲足以在晶体实际启动前，将外部振荡器控制寄存器 OSCXCN 中的 XTLVLD 位置 1，使晶体振荡器处于虚假的正在运行且工作稳定状态。故在允许晶体振荡器和检查 XTLVLD 位之间引入 1ms 的延时，可有效防止提前切换到外部振荡器。具体操作过程如下：

允许外部振荡器；

等待 1ms；

查询 XTLVLD 是否由"0"到"1"；

切换到外部振荡器。

倘若在外部振荡器稳定之前就切换到外部振荡器，将使系统时钟混乱导致系统出现死机的后果。其二，晶体震荡电路对 PCB 的布局非常敏感，故在 PCB 上布局晶振时应将晶体尽可能地靠近 XTAL 引脚，布线应尽量短，并用地平面屏蔽，以防止其他引线引入噪声或干扰。

② 复位电路：C80511F020 单片机内部有一个电源监视器，而且在该单片机上有一个电源监视器使能引脚 MONEN，当系统上电时，MONEN 为高电平有效，该监视器被使能使 MCU 保持在复位状态，从而使单片机的复位源寄存器 RSTSRC 的 PORSF 位置 0，该复位导致程序从同一地址(0x0000)开始执行，软件可通过读 PORSF 标志来确定是否为上电产生的复位。该复位状态是在单片机的——RST 复位引脚一直被复位芯片置为低电平就开始，直到 100ms 的 V_{DD} 监视器超时时间结束，使 V_{DD} 上升超过 V_{RST} 电平即可退出复位状态，同时 PORSF 标志(RSTSRC.1)被硬件置为逻辑 1。根据上述原理和经典复位电路设计思想，查找复位芯片器件库资料最终选定该单片机最小系统的复位电路采用 4-Pin SOT-143 的微控制器复位芯片 TCM811 作为复位电路的核心器件来组件系统的复位电路。其具体应用电路原理图如图 8.14 所示。

③ 供电电路：该单片机最小系统的电源电路设计比较简单，可直接将单片机匹配的供电电源(比如数字电源+3.3V 等)接入单片机对应的电源引脚即可。在单片机供电电路中，直接将+3.3V 的电源线与单片机相应的 V_{DD} 引脚相连，并串联相应容量的去耦电容后接地即可。另外，应将单片机上所有的 GND 引脚都接地。连线时，注意应将单片机上的所有 V_{DD} 电源引脚都接上 3.3V 的电源，并使用较粗的电源线进行布线，以便使系统电源的供电稳定、损耗小。具体电路示意如图 8.15 所示。

（2）D/A 转换接口电路

由控制系统硬件总方案设计中可知，设备焊接小车的行走是通过选定的电机驱动实现的。要使设备的焊车带动焊枪实现不同速度的焊接要求时，就需要控制系统的主控板将焊接

162

变速电信号的程序经过单片机处理后，通过数模转换后，经相应的接口电路输送到使用模拟信号的调速变频器上，从而改变焊车驱动电机的转速，实现控制系统对需求焊接速度的控制功能。

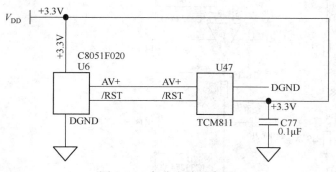

图 8.14　复位电路示意图

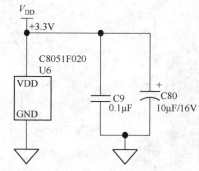

图 8.15　供电电路示意图

控制系统选定的 C8051F020 单片机具有 2 个片内 12 位的电压方式数/模转换器（DAC0 和 DAC1），每个 DAC 的输出摆幅均为 $0V \sim V_{REF}$，对应的输入码范围是 0x0000 ~ 0x0FFF，可以用对应的控制寄存器 DAC0CN 和 DAC1CN 允许/禁止 DAC0 和 DAC1 工作。要使 D/A 转换电路正常工作，必须为其提供基准电压，电路中使用由 C8051F020 单片机的 V_{RED} 引脚为其提供基准电压。为将单片机 D/A 转换后的电信号输送到 DAC 外接端口，还需为其配置相应的接口电路。该电路由一个运算放大芯片 MC33274 与 RC 低通滤波器组成，电路输入端 DA0、DA1、V_{RED} 分别接在 C8051F020 单片机的 DAC0、DAC1 和 V_{RED} 引脚上，器件 R90，C60 组成 DAC1 的低通滤波器，器件 R89，C59 组成 DAC0 的低通滤波器，并在输出端各串一只 10Ω 电阻作为输出限流保护。最终经 D/A 转换接口电路后 2 路 DA 输出量程为 0 ~ +10V，其输出电压计算公式为 $V_{out} = 10 \times D / 0x0FFF$（式中，$D$ 为 DAC 输出控制数据的范围：0 ~ 0x0FFF）。由主控板 C8051F020 单片机 D/A 转换输出的接口电路连接图如图 8.16 所示。

8.2.3　控制系统软件详细设计

自动焊设备控制系统的软件开发及调试主要由计算机、EC3 仿真器、JTAG 口、系统主控板以及开发软件 Keil μVsion3 等组成的软件开发系统来实现。在进行软件开发与调试之前，首先应在开发 PC 机上完成开发软件 Keil μVsion3 及其驱动的安装，然后将软件开发系统的各组成硬件连接起来方可开始控制系统的软件设计。具体连接示意图如图 8.17 所示。

任何一台设备的控制系统要实现对整台设备功能的控制，仅有硬件电路设计是不够的，还需要软件程序设计，只有将软硬件结合起来才能构成一个完整的设备控制系统。换言之，硬件电路是软件程序设计的基础，而软件程序能使硬件电路的功能得到充分发挥，实现设备控制系统的需求控制功能。

通常在进行系统软件开发之前，往往需制定软件设计的总体方案，系统软件设计采用自顶向下、结构化、模块化设计方案。按照该设计思想，首先应设计控制系统的主程序，然后参照主程序的设计结构流程，逐层逐模块展开各子模块的设计即可完成整套系统的软件开发。在对自动焊设备应实现的功能以及系统应实现的控制要求（比如系统应实现的焊接参数

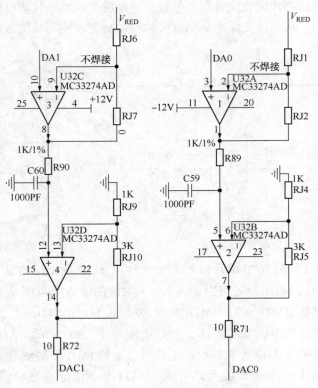

图 8.16　数模转换电路图

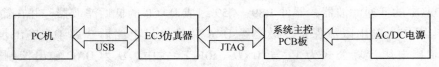

图 8.17　软件开发硬件连接示意图

的设置、参数的液晶显示、参数设置密码保护以及自动焊接操作等要求)综合考虑后,我们
设计了一套控制系统软件主控程序,其结构流程图如图 8.18 所示。

　　依据上图可知,设备的控制系统运行详细过程如下:当自动焊设备控制箱电源上电后,
首先控制系统的主控芯片单片机自动完成参数初始化,时间较短,紧接着对单片机配置的液
晶显示模块进行的初始化,完成后再对液晶显示器画面进行首次清屏操作,然后自动显示画
面 1,画面 1 主要显示研制设备的名称和监制单位的信息。画面 1 显示完成后,系统程序调
用延迟函数进行 0.2s 的延时处理,再次对液晶显示器执行清屏操作后,自动显示画面 2。画
面 2 是自动焊设备的自动工作界面,主要显示自动焊接工作时的相关参数,如焊接速度、焊
枪位置以及焊机的工作状态等参数。在画面 2 完整显示后,系统就开始自动调用键盘及按钮
扫描程序,自动开启控制系统整个操作键盘和按钮的定时扫描、处理、输出并刷新工作。

　　当键盘扫描程序在液晶显示画面 2 的状态下,检测到有单击键盘上的 C 键时,液晶显
示器自动显示画面 3。画面 3 是设备手动操作界面,主要完成设备自动焊接前的手动调节操
作,如按键盘数字 0 可进行左焊机点动前进、按键盘数字 3 可进行右焊机点动后退、按键盘
数字 4 可进行左焊机连续前进、按键盘字母 F 键可进行焊机停止等相应手动调节操作。与此
同时,在画面 3 显示状态下,若按键盘字母 E 键可退出手动操作界面,液晶显示画面自动

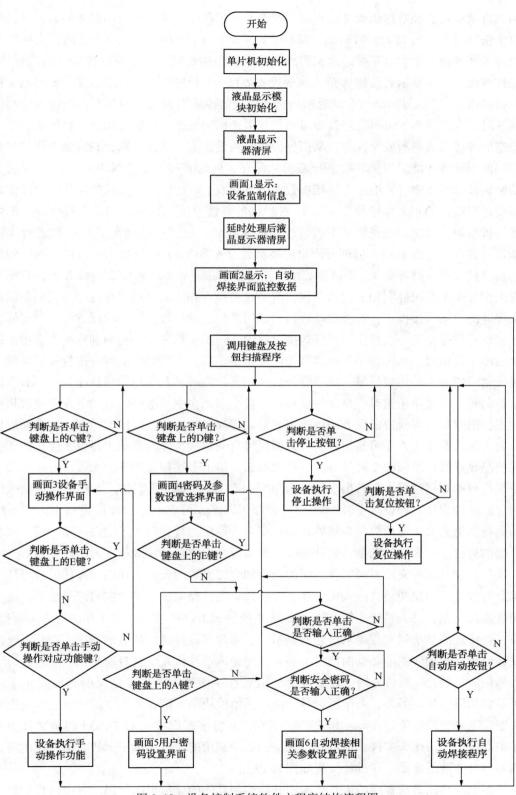

图 8.18　设备控制系统软件主程序结构流程图

返回到自动焊接监控数据画面2的界面。若键盘扫描程序在液晶显示画面2的状态下，检测到有单击键盘上的D键时，液晶显示器自动显示画面4。画面4是控制系统的安全密码及参数设置选择界面，主要显示要进入密码或参数设置操作界面应按相应键盘按键的选择信息。该操作画面4提示显示若按键A进入密码设置界面5，若按键E即可退出安全密码及参数设置选择界面4，液晶显示画面自动返回到自动焊接监控数据画面2的界面。当进入密码设置界面5时，在该界面下可进行修改焊接参数权限密码的更改、存储等操作，目的是为了将调试稳定的焊接参数进行安全保存，从而保证焊缝质量稳定。这样一来，只有知道焊接参数保护密码的操作者才能对焊接参数进行编辑并保存，同时若按键盘字母B键，并且通过了正确的密码校核的操作者才能进入焊接参数设置界面6。界面6主要显示在自动焊接操作模式下需要进行设置的相关焊接参数，如左/右焊机的焊接速度、预压时间、引弧时间、熄弧时间等焊接参数。其次，在该界面下若修改焊接参数后，应按单击键盘上的G键进行参数保存操作；若单击键盘上的E键即可退出焊接参数设置界面6，液晶显示画面自动返回到安全密码及参数设置选择界面4。当键盘及按钮扫描程序在液晶显示画面2的状态下，自动检测到有操作者单击系统控制箱上的启动按钮时，设备执行相应的自动焊接程序完成铝制散热器封头焊缝的自动焊接操作，焊缝自动焊接完成后系统自动按焊接轨迹的反方向快速退回自动焊接初始零位等待下一次操作。在此焊接过程中，若按钮扫描程序检测到有操作者单击控制箱上的停止按钮时，系统程序自动执行先停焊接小车后，再断焊接电源并进行滞后延气，从而保证已完成的末端焊缝质量，最终设备熄弧停车。此时，若按钮扫描程序检测到有操作者单击控制箱上的复位按钮时，自动焊设备的焊接小车则在驱动电机的带动下在自动焊接停焊的位置，沿焊接已焊轨迹的反方向快速退回自动焊接初始零位，以便等待下一次自动焊接操作。为了保证系统主程序可靠运行，一方面设计自动焊接操作的启动、复位、停止按钮，只有在液晶显示器显示画面2时才有效，其他画面下单击上述按钮均视为无效；另一方面，在设备执行自动焊接过程中，若出现焊接程序"死机"或"飞跑"现象时，主控程序自动执行相应的应急处理程序，如设置定时"看门狗"程序等方案，可将出错的程序重新引入到系统正常的运行轨道上来，保证控制系统的连续、安全、稳定运行。以上述主程序结构流程图和控制系统的运行过程为设计依据，展开设备控制系统主程序及子功能程序的程序编制。

设备控制系统为完成不同工作界面的切换和焊接参数的设置、存储等操作，特设计了操作键盘与液晶显示器相结合的人机交互工作模式。在已经完成了单片机与液晶显示模块接口的硬件连接电路，并为系统主控PCB板载入了能使SED1335液晶模块工作的硬件驱动程序。然而，要使液晶显示器实现需求信息的显示，还需为其设计相应的显示程序。控制系统按照该设计流程显示相应的液晶画面信息，必须首先完成单片机系统自身初始化，然后进行液晶显示模块的初始化、软件延时、LCD清屏，最后在主函数中调用已定义的画面显示子函数即可显示相应信息。另外，由于所选择的液晶显示模块是不带显示字库的，故还应根据显示的汉字、字母、符号等制作显示信息的字模库，并将字模库放入LCD1335的头文件中，最后在主程序中引用该头文件，即可实现在主函数中调用的信息显示子函数显示字库中需显示的内容。具体液晶显示程序设计流程如图8.19所示。

根据上图液晶显示程序的流程结构，开始编制具体的显示程序代码。下面以自动焊接参数监控界面(即液晶显示画面2)为例，介绍其液晶显示主要程序代码如下：

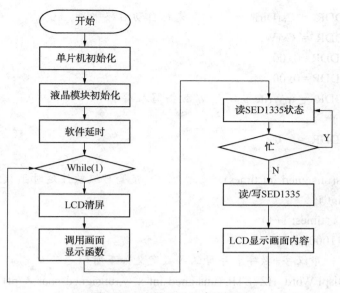

图 8.19   液晶显示程序流程图

```
//在主函数中包含相应的头文件
#include ". . \config\c8051f020. h"
#include ". . \driver\lcd1335. h"               //包含液晶显示字库的头文件
#include ". . \config\const. h"
#include ". . \driver\SYS_Init. h"
…
void   sysytem_init(void)                      //单片机系统初始化函数定义
{      SYSCLK_Init( );
       PORT_Init( );
Init_Ch452( );
…               }
void LCD1335_Init(void)                        // LCD1335 初始化函数定义
{ DATA_ADDR=40;                                // 显示域长度为 320dot
DATA_ADDR=50;                                  //确定液晶工作频率
DATA_ADDR=240;                                 //显示屏高度为 240dot
DATA_ADDR=40;                                  //显示屏一行所占显示缓冲区字节数
CMD_ADDR=0x44;                                 //显示区设置,最多 10 个参数
DATA_ADDR=0x00;                                //显示 1 区对应的显示 RAM 起始地址
DATA_ADDR=240;                                 //显示 1 区占用 240 个 dot 行
CMD_ADDR=0x5a;                                 //水平卷动,初始化时必须清零
CMD_ADDR=0x4c;                                 //光标向后移动
…
}
void Lcd_Clear( void )                         // LCD 清屏函数定义
{      unsigned int i = 40* 240;
```

167

```
        CMD_ADDR = CsrDirR ;            // 光标自动右移
        CMD_ADDR = CsrW;
        DATA_ADDR=0x00;
        DATA_ADDR=0x00;
        CMD_ADDR = mWrite ;             // 数据写入指令
        while(i- - )
        DATA_ADDR =   0 ;
}
void Delay_ms(unsigned int times)              // 毫秒级软件延时函数定义
{    unsigned int i;
     for (i=0; i<times; i++)
     Delay_us(1000); }
//向 LCD 写入一串汉字+数字和字母的函数定义如下所示
void LCDB_DispFWord_HZ_STR (unsigned int x, y, unsigned char * pt)
{     unsigned int index_HZ=0;              //CCTA16_index
unsigned char index=0;
unsigned int page;
while (pt[index]! =' \0' )
{if(pt[index]>0x7f)                        //如果不是 ASCII 码,则到字库中查找
{if((pt[index]==CCTA16_index[index_HZ])&(pt[index+1]==CCTA16_index[index_HZ+1]))
{ WRCC16(x,y,(index_HZ+1));
if(pt[index+1]>0x7f)      //如果下一个不是 ASCII 码,则到字库中查找
{ index  =  index + 2;}
else if (pt[index+1] >= 0x20) //如果下一个是 ASCII 码,在数组 AsciiDot 中查找
       { index  =  index + 1;}
index_HZ = 0; x = x + 2;
}
else
     {index_HZ  =  index_HZ + 1;}
}
else if(pt[index] >= 0x20)              //如果是 ASCII 码,在数组 AsciiDot 中查找
    { page = (pt[index]- 0x20); WRCC8(x,y,page);index = index + 1;x = x + 1;
}
}
void Show_menu2(void)                     // 液晶显示画面 2 调用函数定义
{        unsigned char   * pItem;
         pItem = "全铝散热器封头专用自动焊机";
         LCDB_DispFWord_HZ_STR(2,20,pItem);
         pItem = "自动工作界面";
         LCDB_DispFWord_HZ_STR(13,30,pItem);
```

```
        pItem = "左焊接速度:";
        LCDB_DispFWord_HZ_STR(2,55,pItem);
        pItem = "右焊接速度:";
        LCDB_DispFWord_HZ_STR(21,55,pItem);
        pItem = "左焊机状态:";
        LCDB_DispFWord_HZ_STR(2,80,pItem);
        pItem = "右焊机状态:";
        LCDB_DispFWord_HZ_STR(21,80,pItem);
        pItem = "左焊枪位置:";
        LCDB_DispFWord_HZ_STR(2,105,pItem);
        pItem = "右焊枪位置:";
        LCDB_DispFWord_HZ_STR(21,105,pItem);
        pItem = "左前进到位:";
        LCDB_DispFWord_HZ_STR(2,130,pItem);
        pItem = "右前进到位:";
        LCDB_DispFWord_HZ_STR(21,130,pItem);
        pItem = "左后退到位:";
        LCDB_DispFWord_HZ_STR(2,155,pItem);
        pItem = "右后退到位:";
        LCDB_DispFWord_HZ_STR(21,155,pItem);
        pItem = "顶压缸工位:";
        LCDB_DispFWord_HZ_STR(2,180,pItem);
        pItem = "环境温度是:";
        LCDB_DispFWord_HZ_STR(21,180,pItem);
        pItem = "按 C 进入手动界面,按 D 进入设置界面.";
        LCDB_DispFWord_HZ_STR(2,210,pItem);
…
}
void main(void)                              //液晶显示程序主函数定义
{
sysytem_init( );
    LCD1335_Init( );
    Delay_ms(200);
while(1)
{
    Lcd_Clear( );
    ALARM_ON( );
    Show_menu2( );
    ALARM_OFF( );
}
}
```

运行以上液晶显示程序与算法，系统液晶显示画面 2 的效果如图 8.20 所示。

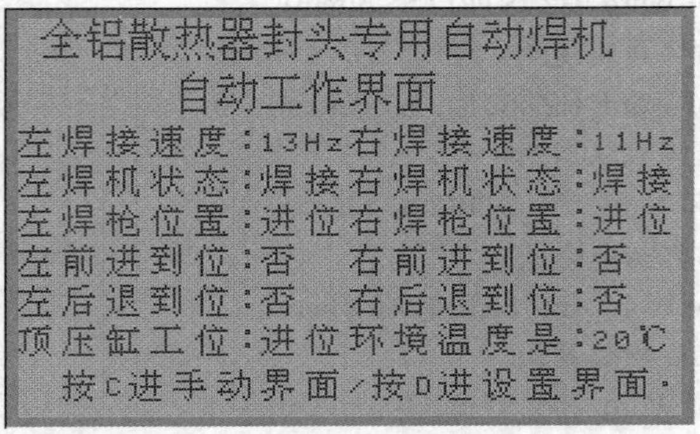

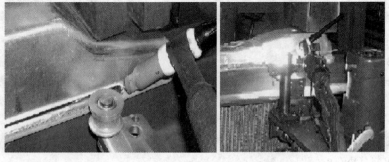

图 8.20　液晶显示效果图

8.2.4　焊接工艺参数试验

依据选定的焊接方法及工艺，进行了焊接工艺参数试验。由于是在自动焊设备上焊接工件，影响焊接质量的焊接参数比较多，比如焊接电流、焊接速度、焊枪角度、弧长等参数，而且每个参数都是一个变量，故要找到保证焊缝质量的匹配的焊接参数，需要通过大量的焊接试验，进行相互对比、总结，才能通过试验获取合理的焊接工艺规范。在具体试验中，我们采用以手工 TIG 焊工艺参数为参考依据，采用多个参数固定一个参数可变的方法，将焊接参数进行分组试验，并记录对应的焊接参数和焊接效果。通过反复总结和试验后，最终获取了铝制散热器封头直缝自动焊接外观成型较好的焊接工艺参数。具体如表 8.1 所示。

表 8.1　自动焊接工艺参数表

焊枪角度	焊接速度/(cm/min)	电流/A	弧长/mm	预气时间/s	上坡时间/s	下坡时间/s	延气时间/s	氩气流量/(L/min)	焊接方法	焊缝质量
X50/Y40/Z45	60	130	1.5	1.5	1	2	2.5	12	左焊法	平直光亮、成型好

在研制的自动焊设备上进行焊接工艺参数的调试试验实时图如图 8.21 所示。

图 8.21　焊接工艺参数调试试验实时图

对于采用优化焊接参数焊接的焊缝进行焊缝接头取样，通过金相试验对焊缝接头显微组织及组成相成分进行观察，并与被焊母材显微组织及组成相成分进行对比，作出合理的分析结果。

首先对在研制设备上采用表 8.1 焊接参数焊接的焊缝沿横截面进行分段取样，然后将取样接头经镶样、磨光、抛光、腐蚀后做 SEM（扫描电镜），观察被焊母材和焊缝接头的内部组织形态以及各相化学成分。具体焊缝成型效果图、焊缝接头镶样图与母材 BEC 图和母材 EDS 图，分别如图 8.22 和图 8.23 所示。

图 8.22　外观成型好的焊缝效果图

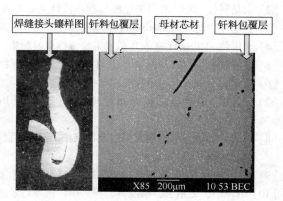

图 8.23　焊缝接头镶样图与母材 BEC 图像

由图 8.23 可知，被焊汽车铝制散热器水室封头下端母材为三层组成，中间层是保证散热器工作强度的芯材，两边分别是钎料的包覆层。一般用的铝散热器芯体钎焊带都是由 Al-Mn 系芯材（一般为 A3003）上双面包覆 Al-Si 系钎料合金而制成的；试验被焊散热器芯材是 3003 铝合金，其成分中除含有 Mn 元素外，同时还含有 Fe、Si 元素，当 Fe、Si 同时存在时，并随着（Fe+Si）杂质含量的提高，3003 铝合金在凝固过程中形成更多的非平衡结晶相，比如 $\alpha-Al12(Fe，Mn)3Si$、$\beta-Al6(Fe，Mn)$ 等第二相，从而降低了 Mn 在铝中的固溶度。

在自动焊设备上，采用表 8.1 焊接参数焊接，得到如图 8.24 所示的焊缝接头。由图可知，该焊缝接头主要由焊缝区、HAZ 区（热影响区）和母材区组成。由于采用的是无填丝的 TIG（钨极氩弧焊）焊接工艺，因未填充焊丝，使得熔合线没有明显的显现，但可明显观察到被焊母材与自熔焊缝之间存在明显差异的过渡 HAZ 区。自熔焊缝区组成相主要由带有明显方向性的白色线条状的析出相和大部分颜色较灰暗的区域析出相组成，焊缝内部组织整体比较均匀。

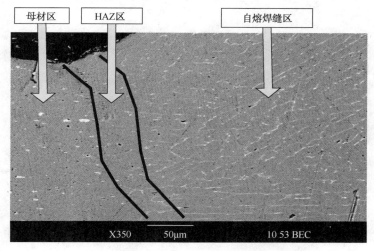

图 8.24　自熔 A-TIG 焊缝接头 BEC 图像

参 考 文 献

[1] 马家晨, 孙玉德, 张颖, 等 . MCS-51 单片机原理及接口技术[M]. 哈尔滨：哈尔滨工业大学出版社, 2010.

[2] 求是科技 . 8051 系列单片机 C 程序设计完全手册[M]. 北京：人民邮电出版社, 2006.

[3] 齐志才, 赵继印 . MCS-51 单片机原理及接口技术[M]. 北京：中国建筑工业出版社, 2005.

[4] 李洪兰 . MCS-51 嵌入式系统实验指导与习题集[M]. 北京：中国石化出版社, 2015.

[5] 谭浩强 . C 程序设计[M]. 北京：清华大学出版社, 2010.

[6] 谢运祥 . 电力电子单片机控制技术[M]. 北京：机械工业出版社, 2007.

[7] 孟祥莲, 高洪志 . 单片机原理及应用：基于 Proteus 与 Keil C[M]. 哈尔滨：哈尔滨工业大学出版社, 2010.

[8] 周国运 . 单片机原理及应用教程(C 语言版 21 世纪高等院校规划教材)[M]. 北京：中国水利水电出版社, 2014.

[9] 赵全利 . 单片机原理及应用教程(第 3 版)[M]. 北京：机械工业出版社, 2013.

[10] 余发山, 王福忠, 杨凌霄, 等 . 单片机原理及应用技术[M]. 北京：中国电力出版社, 2016.